DK 669.046.5:669.1.083.4

FORSCHUNGSBERICHTE
DES WIRTSCHAFTS- UND VERKEHRSMINISTERIUMS
NORDRHEIN-WESTFALEN

Herausgegeben von Staatssekretär Prof. Dr. h. c. Dr. E. h. Leo Brandt

Nr. 586

Dr.-Ing. Wilhelm Anton Fischer
Dr. rer. nat. Alfred Hoffmann
Max-Planck Institut für Eisenforschung, Düsseldorf

Verhalten von Eisen- und Stahlschmelzen im Hochvakuum

Als Manuskript gedruckt

SPRINGER FACHMEDIEN WIESBADEN GMBH
1958

ISBN 978-3-663-03875-7   ISBN 978-3-663-05064-3 (eBook)
DOI 10.1007/978-3-663-05064-3

Forschungsberichte des Wirtschafts- und Verkehrsministeriums Nordrhein-Westfalen

G l i e d e r u n g

I. Einleitung .... S. 5

II. Versuchsdurchführung .... S. 5

III. Versuchsergebnisse .... S. 15

    1. Verhalten der nichtmetallischen Beimengungen ..... S. 15

    2. Verhalten der metallischen Begleitelemente des Eisens .... S. 29

    3. Die Reaktionen der Stahlschmelzen mit den Tiegelbaustoffen .... S. 31

IV. Zusammenfassung .... S. 36

V. Literaturverzeichnis .... S. 38

Forschungsberichte des Wirtschafts- und Verkehrsministeriums Nordrhein-Westfalen

I. Einleitung

Das Erschmelzen von Metallen im Vakuum gewinnt eine stets zunehmende technische Bedeutung. Vorwiegend in der Metallurgie des Eisens und der Eisenlegierungen sind großtechnische Anwendungen der Vakuumbehandlung bekannt geworden. Hier sind die Verfahren des Bochumer Vereins für Gußstahlfabrikation [1] und der Dortmund-Hörder Hüttenunion AG. [2] zu nennen. Der Einfluß des Vakuumschmelzens auf den Ablauf der metallurgischen Reaktionen in der Eisen- und Stahlschmelze sowie zwischen der Schmelze und dem Tiegelbaustoff und auf die Verdampfung und Entgasungsvorgänge ist weitgehend unbekannt.

Systematische Untersuchungen liegen über die Reaktion von Wasserstoff und Kohlenstoff mit dem in der Eisenschmelze gelösten Sauerstoff vor mit dem Ziel der Darstellung von reinstem Eisen [3 - 5]. J.H. MOORE [6] berichtete über das Verhalten von Kohlenstoff, Sauerstoff, Stickstoff und Wasserstoff beim Vakuumschmelzen von Eisen in Magnesiatiegeln in Abhängigkeit von der Schmelzzeit. Über das Verhalten der anderen Begleitelemente des Eisens sind nur Einzelbeobachtungen bekannt. Grundlegende und systematische Untersuchungen über das Tiegelverhalten sind im Schrifttum nicht vorhanden. Das Ziel der vorliegenden Arbeit war, das Verhalten der Beimengungen im Eisen beim Vakuumschmelzen in verschieden zugestellten Tiegeln zu untersuchen.

II. Versuchsdurchführung

Die Versuche wurden in einem Vakuumschmelzofen der Firma Balzers, Typ VG 25, durchgeführt. Die Tiegel für 5 kg Schmelzgewicht wurden aus geeigneten Körnungsmischungen vollkommen trocken zwischen einem Graphitkern und der Spule von Hand eingestampft. Im allgemeinen wurden hierfür die von K.H. KÖTHEMANN, W.A. FISCHER und H. TREPPSCHUH niedergelegten Arbeitsvorschriften angewendet [7]. Das Sintern der Tiegel geschah durch induktives Aufheizen des Graphitkernes auf Temperaturen zwischen etwa $1800°$ und $1900°$. Mit Ausnahme der Kalktiegels traten dabei keine besonderen Schwierigkeiten auf, nur beim Brennen des Kalktiegels mußte vorsichtig aufgeheizt werden, weil sonst heftige Reaktionen zwischen Graphitkern und Kalk unter rötlicher Flammenentwicklung eintraten. Einige Tiegel wurden auch über einem Eisenkern eingestampft und später durch Niederschmelzen des Kernes gesintert.

Die verwendeten Tiegelwerkstoffe und ihre Verunreinigungen an Kieselsäure, Aluminiumoxyd, Schwefel und Phosphor sind aus Tabelle 1 zu ersehen.

Tabelle 1

Verunreinigungen der Tiegelbaustoffe in Gew.-% im ungebrauchten Zustand

Tiegelbaustoff	SiO_2	Al_2O_3	S	P
Elektromagnesia	1,0	0,2	0,01 - 0,02	0,015
Elektrokorund	0,2	-	0,01 - 0,04	0,007
stabilisiertes Zirkonoxyd	0,7 - 1,0	0,3 - 0,5	0,02 - 0,05	0,027
Kalziumzirkonat	0,7 - 1,0	0,3 - 0,5	0,03 - 0,07	0,020
Kalk	0,7 - 1,0	0,3 - 0,5	0,04 - 0,07	0,007
Dolomit	1,3 - 2,0	0,9	0,04 - 0,06	-

Für die Versuche wurden sowohl Reinsteisen, dem zum Teil Schwefel und Phosphor zugesetzt und das nach dem Kohlenstoffreduktionsverfahren im Vakuum im MgO-Tiegel hergestellt worden war [5], als auch kohlenstoffhaltige Eisenlegierungen mit Gehalten von etwa 0,1 bis 3,5 % C eingesetzt. In einigen Fällen wurde auch gefrischtes Eisen, das kohlenstoffarm und sauerstoffgesättigt war, verwendet. Dieses Weicheisen und die kohlenstoffhaltigen Eisenlegierungen waren an Luft aus schwedischen Rohschienen bzw. schwedischen Rohschienen und schwedischem Roheisen erschmolzen worden. Die Zusammensetzung der verschiedenen verwendeten Einsatzstoffe geht aus Tabelle 2 hervor. Das Einschmelzen des Einsatzes im Vakuumofen erfolgte bei Drucken von etwa 200 Torr Argon. Nach dem vollständigen Niederschmelzen wurde vorsichtig evakuiert und nach einer Stunde bei einem Unterdruck zwischen 10^{-3} bis 10^{-4} Torr die erste Probe im Ofen in eine Kokille vergossen. Die Gesamtschmelzzeiten betrugen etwa 6 bis 7 h. In regelmäßigen Abständen wurden während dieser Schmelzzeit insgesamt 3 bis 4 Proben in die gleiche Kokille abgegossen. In vereinzelten Fällen wurden Langzeitversuche mit einer Gesamtschmelzdauer bis zu 30 h durchgeführt. Abbildung 1 zeigt den Druckverlauf bei zwei Schmelzen mit etwa 7-stündigen Schmelzzeiten. Nach der Verflüssigung des Eisens fällt der Druck sehr schnell auf

Forschungsberichte des Wirtschafts- und Verkehrsministeriums Nordrhein-Westfalen

Tabelle 2

Zusammensetzung der Einsatzstoffe in Gew.-%

Proben-bezeichnung	C	O	N	H_2 (Ncm³/100 g)	P	As	S	Mn	Si	Cu	Mg	Ca	Al
4980	3,53	-	0,006	-	0,018	0,007	0,138	-	0,010	0,03	~0,001	~0,001	0,004
4808	2,08	-	0,012	-	0,002	0,002	0,036	-	0,009	0,05	-	-	0,007
4883	1,87	0,001	0,008	-	0,001	0,002	0,043	0,0050	0,012	0,017	~0,001	<0,001	0,005
4907	1,82	0,008	0,008	-	0,001	0,003	0,044	0,0075	0,013	0,04	-	~0,001	0,008
4807	1,03	0,014	0,015	3,0	0,003	0,002	0,018	0,0029	0,013	0,02	~0,001	~0,001	0,007
4761	0,90	-	0,006	-	0,005	0,004	0,022	-	0,007	0,023	~0,001	~0,001	<0,002
4882	0,83	-	0,011	3,3	0,001	0,003	0,057	0,0005	0,009	0,009	~0,001	~0,001	0,020
4879	0,19	0,007	0,005	-	0,006	0,003	0,036	-	0,009	0,015	<0,001	-	0,012
4894	0,17	0,024	0,006	1,2	0,008	0,004	0,047	0,0005	0,003	0,015	-	~0,001	0,016
4892	0,05	0,23	0,005	-	0,017	0,003	0,025	0,0005	0,006	0,005	<0,001	-	0,018
4949	0,0083	0,19	0,007	-	0,005	0,004	0,007	<0,001	0,008	0,002	~0,001	0,001-0,002	0,015
4909	0,008	0,19	0,004	-	0,001	0,002	0,019	0,0059	0,001	0,007	~0,001	~0,001	0,019
4984	0,008	0,20	0,010	-	0,023	0,004	0,008	0,002	0,005	0,004	~0,001	<0,001	0,006
V 278	0,0085	0,001	-	2,8	0,025	0,004	0,050	0,0011	0,003	0,01	~0,001	~0,001	0,013
V 241	0,006	0,006	0,004	0,5	0,012	0,003	0,042	0,0011	0,006	0,006	~0,001	~0,001	0,006
V 359	0,0016	0,003	0,002	0,8	0,004	0,008	0,003	0,0013	0,018	0,004	-	-	0,005
V 262	0,0010	0,007	0,005	1,8	0,027	0,003	0,022	0,0007	0,006	0,006	<0,001	~0,001	0,007

Alle Proben enthalten < 0,001 % Zr

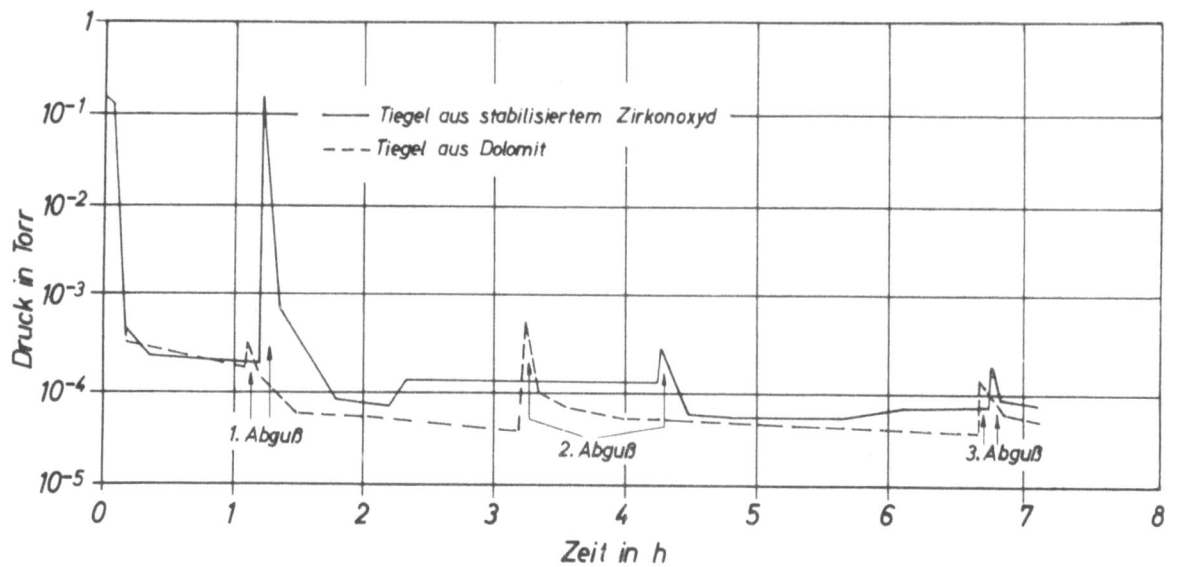

Abbildung 1

Druckverlauf beim Schmelzen in verschiedenen Tiegeln

Abbildung 2

Tiegel aus Elektromagnesia mit Restschmelze und angedampftem Eisen nach siebenstündigem Schmelzen bei $5 \cdot 10^{-5}$ bis $6 \cdot 10^{-4}$ Torr. (1:1)

10^{-3} bis 10^{-4} Torr ab. Nach etwa 1- bis 2-stündiger Schmelzzeit ist in der Regel der Druck bis auf Werte zwischen 10^{-4} und 10^{-5} Torr gesunken. Im allgemeinen findet während des Abgießens ein geringer Druckanstieg statt. Der Druckabfall von 10^{-3} auf Werte zwischen 10^{-4} und 10^{-5} Torr bewirkt eine deutlich sichtbare, starke Zunahme der Eisenverdampfung. Mit zunehmendem Kohlenstoffgehalt in der Schmelze wird oberhalb etwa 3 % die Eisenverdampfung wieder geringer. In Abbildung 2 ist die Ansicht eines Tiegels aus Elektromagnesia nach etwa 7 Stunden Gesamtschmelzzeit wiedergegeben, die Restschmelze erstarrte im Ofen. Oberhalb des Schmelzregulus sieht man das aus der Dampfphase kondensierte Eisen, das in nadeliger Form angewachsen ist. Am Tiegelrand weiter oben ist das Eisen schuppenförmig niedergeschlagen. Häufig sind auch nur diese schuppenartigen Anwachsungen zu beobachten, Abbildung 3. Die Ausbildungsform des oberhalb der Schmelze im Tiegel kondensierten Eisens

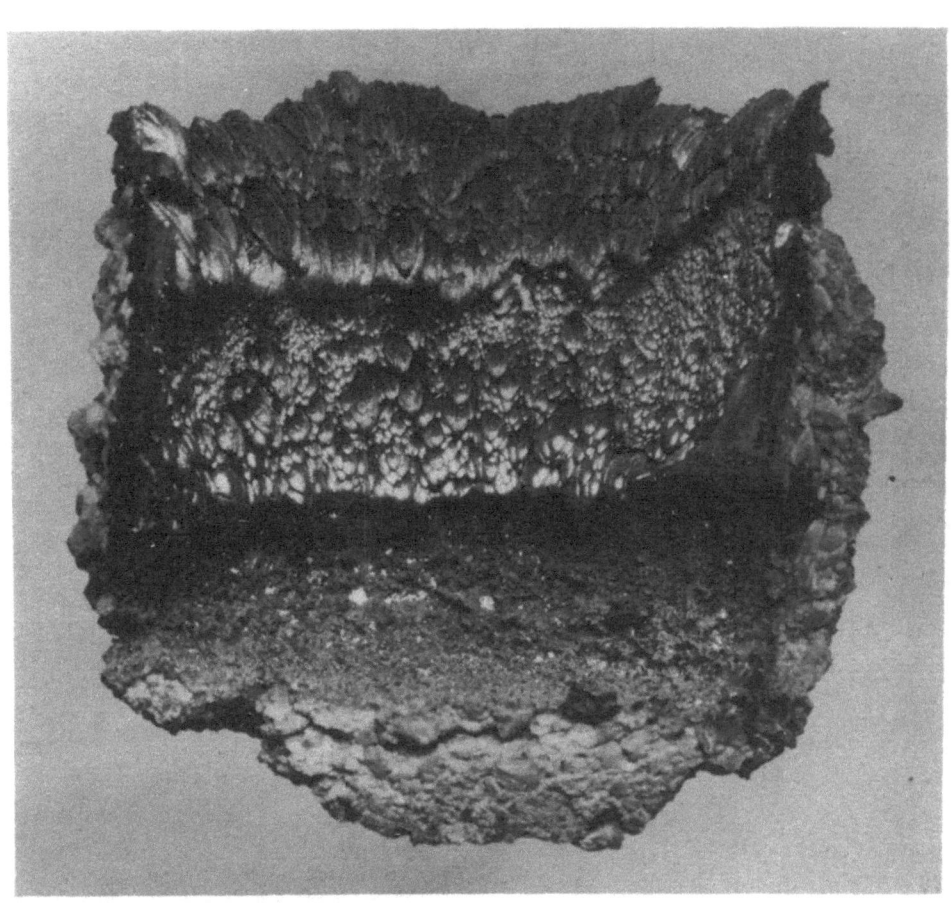

Eisenandampfungen im Dolomittiegel oberhalb der Schmelze nach einer Schmelzzeit von 6 h 40 min bei $5 \cdot 10^{-5}$ bis $5 \cdot 10^{-4}$ Torr. (1:1)

Forschungsberichte des Wirtschafts- und Verkehrsministeriums Nordrhein-Westfalen

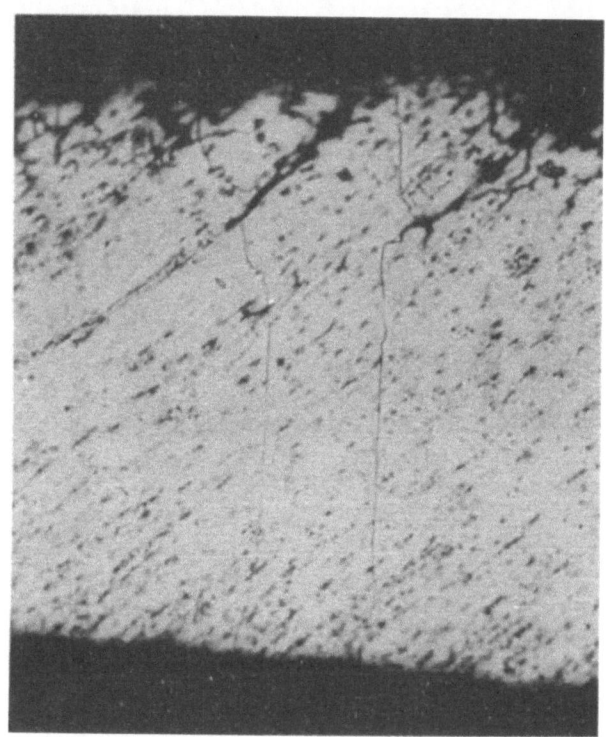

A b b i l d u n g 4
Gefüge der im Tiegel angedampften Eisennadeln
(300:1, geätzt mit Salpetersäure)

Seite 10

ist recht unterschiedlich, in einigen Fällen bildeten sich hier vollkommen geschlossene Decken aus. Weitere Kondensationsprodukte schlugen sich an der Wand des Vakuumkessels nieder, sie oxydierten beim Öffnen des Kessel und Luftzutritt teilweise unter starker Wärmeentwicklung. Von allen diesen Kondensationsprodukten wurden nach Beendigung der Versuche Proben für chemische und metallographische Untersuchungen entnommen. Die Analysen des am Vakuumkessel und am Tiegel angedampften Eisens sind in Tabelle 3 wiedergegeben. Da sich aber auch Zersetzungsprodukte aus den Öldämpfen der Pumpen am Vakuumkessel niederschlagen, wird hierdurch sehr wahrscheinlich ein höherer Kohlenstoffgehalt ermittel als dem aus der Schmelze verdampfenden Kohlenstoff entspricht.

Das Gefüge des angedampften Eisens ist sehr unterschiedlich. Die im Tiegelinneren gebildeten feinen Nadeln zeigen viele mehr oder weniger große Hohlräume, vor allem an der Spitze der Nadeln, Abbildung 4. Die Korngröße in diesen Nadeln scheint, abgesehen von der Spitze, recht groß zu sein. Mit zunehmender Größe der Andampfungen gehen im allgemeinen die Hohlräume zurück, und es treten jetzt nichtmetallische, anscheinend oxydische Einschlüsse auf, Abbildung 5. Teilweise werden aber auch in den oberhalb der Schmelze gebildeten festen Decken noch Hohlräume beobachtet, die recht ungleichmäßig verteilt sind, Abbildung 6. Beispiele für die unterschiedliche Anreicherung und Größe der Einschlüsse

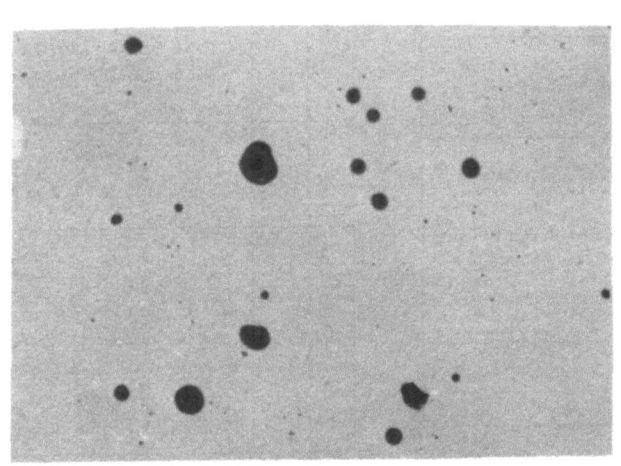
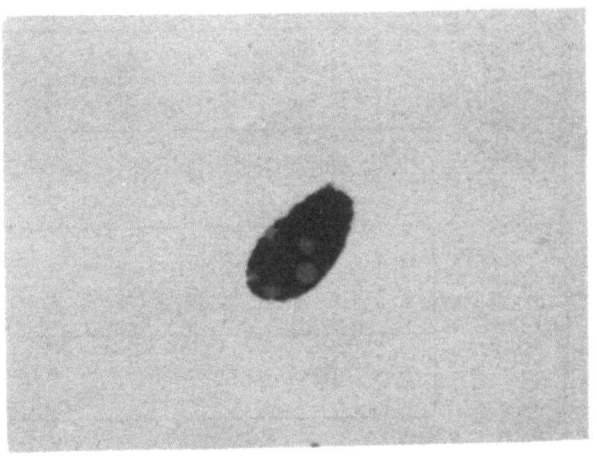

a) Probe V 380/3   b) Probe V 338/4

Abbildung 5

Gefüge von am Tiegel angedampften Eisenschichten (500:1)

Tabelle 3

Analysen des am Vakuumkessel und Tiegel angedampften Eisens in Gew.-%

a) Niederschläge am Vakuumkessel

Lfd. Nr.	Bezeichnung	C	N	P	As	S	Mn	Si	Cu	Al	Fe	Zugehörige Vakuumschmelze und Einsatz
1	DK 1	0,06	0,002	0,022	0,005	0,17	0,02	0,023	0,021	-	96,1	V 332, 4892
2	DK 2	0,03	0,002	0,003	0,006	0,16	0,01	0,017	0,017	-	97,4	V 338, 4909
3	DK 3	0,50	0,003	0,002	-	0,33	0,01	0,04	0,025	-	83,0	V 344, 4907
4	DK 4	0,27	0,002	0,002	0,011	0,12	0,01	0,03	0,014	-	91,6	V 345, V 241
5	DK 5	0,79	0,009	0,023	0,009	0,099	0,015	0,012	0,09	-	89,3	V 380, 4949
6	DK 6	0,28	0,007	0,009	0,011	0,046	0,013	0,020	0,02	-	92,1	V 384/1-V 384/2, 4949
7	DK 7	0,28	0,007	0,008	0,007	0,031	0,013	0,021	0,02	0,007	91,9	V 384/3, 4949
8	DK 8	0,19	0,003	0,015	0,015	0,015	0,009	0,018	0,02	0,005	95,4	V 385, V 359
9	DK 10	0,16	0,007	0,053	0,006	0,034	0,012	0,011	0,015	0,001	90,4	V 386, 4984
10	DK 11	2,73	-	0,010	-	1,69	-	-	0,13	-	-	V 387, 4980
11	DK 12	0,79	0,009	0,100	0,009	0,298	0,022	0,042	0,03	-	84,6	V 388, 4984
12	DK 13	0,345	0,002	0,016	0,014	0,067	0,009	0,076	0,026	0,014	92,6	V 389, V 359
13	DK 14	1,18	-	0,011	0,030	0,80	-	0,034	0,039	0,10	-	V 390, 4980
14	DK 15	1,95	0,007	0,008	0,026	3,3	-	-	0,16	-	-	V 391, 4980

b) Niederschläge am Tiegel (Fortsetzung von Tabelle 3)

Lfd. Nr.	Bezeichnung	C	O	N	P	As	S	Mn	Si	Cu	Al	Zugehörige Vakuumschmelze mit Einsatz
1	V 327/4	0,006	-	<0,001	0,008	0,003	0,023	-	0,01	0,001	-	V 327, V 262
2	V 335/4	0,0032	0,04-0,05	<0,001	0,016	0,004	0,002	-	0,005	0,008	-	V 335, 4892
3	V 338/4	0,04	0,091	<0,001	0,003	0,003	0,004	-	0,026	0,001	0,021	V 338, 4909
4	V 342/4	0,004	0,018	0,001	0,002	0,004	0,011	-	0,005	<0,001	-	V 342, V 278
5	V 380/3	0,0034	-	0,001	0,005	0,006	0,001	0,006	0,006	0,005	0,006	V 380, 4949
6	V 384/4	0,0030	-	0,001	0,003	0,005	0,001	0,0008	0,021	<0,001	<0,001	V 384, 4949
7	V 385/3	0,0080	-	0,001	0,003	0,010	0,001	0,0005	0,017	<0,001	0,001	V 385, V 359

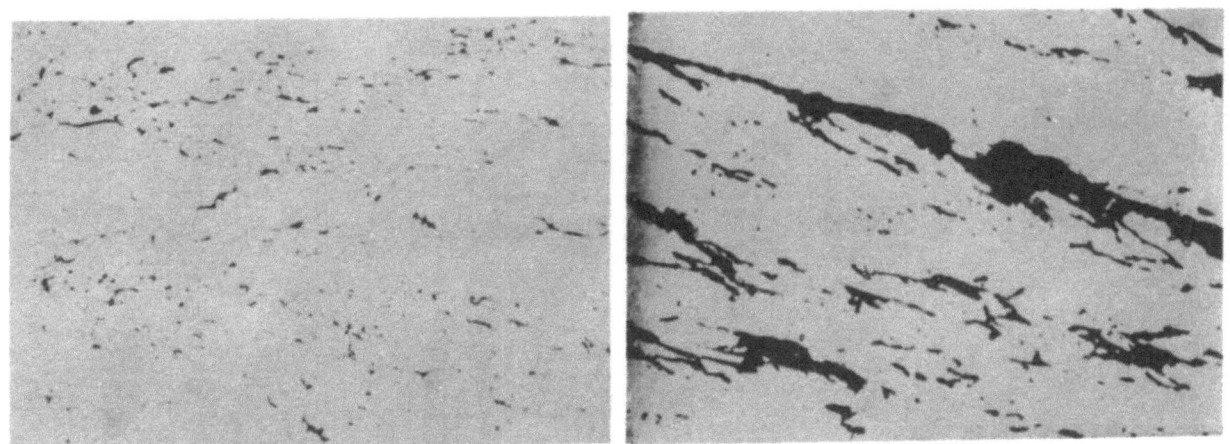

Abbildung 6
Hohlräume in einer oberhalb der Schmelze angedampften Decke,
Probe V 342/4. (300:1)

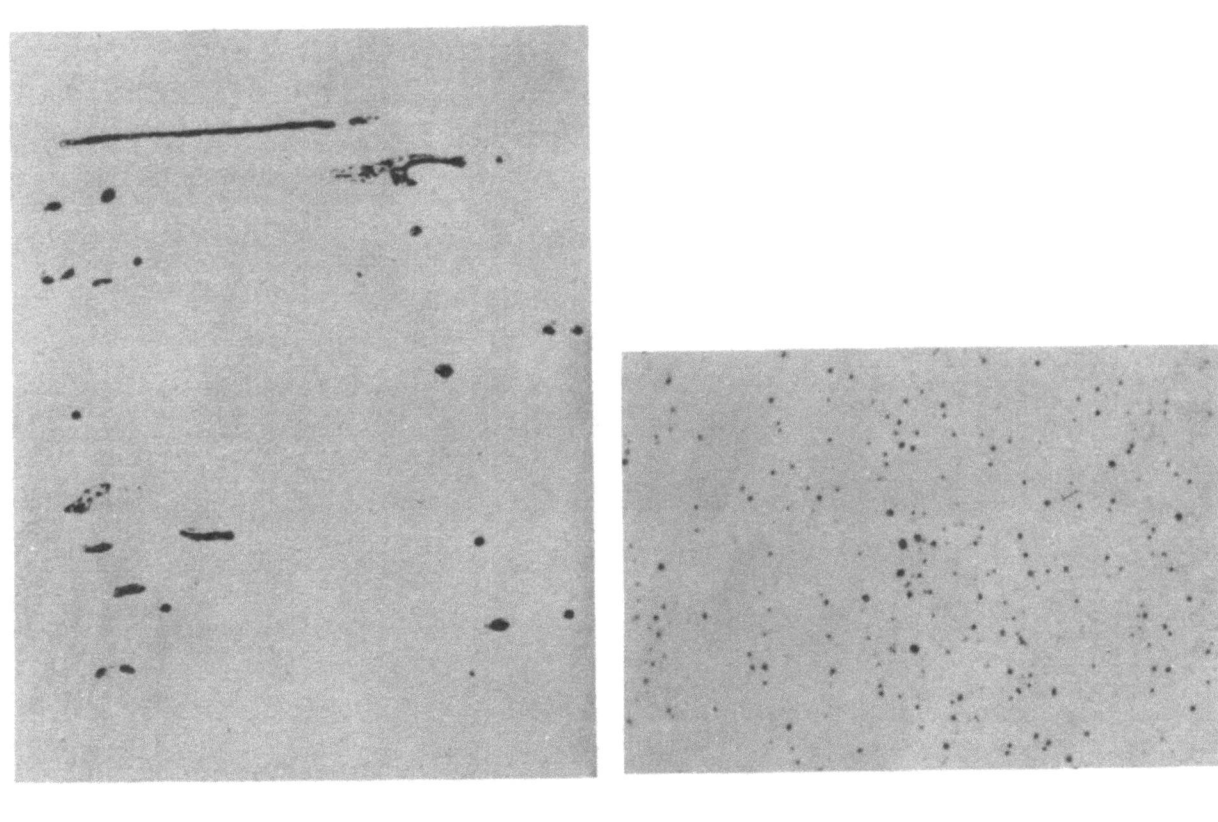

(200:1)   (1500:1)

Abbildung 7
Einschlüsse in einer angedampften Decke oberhllb der Schmelze,
Probe V 384/4

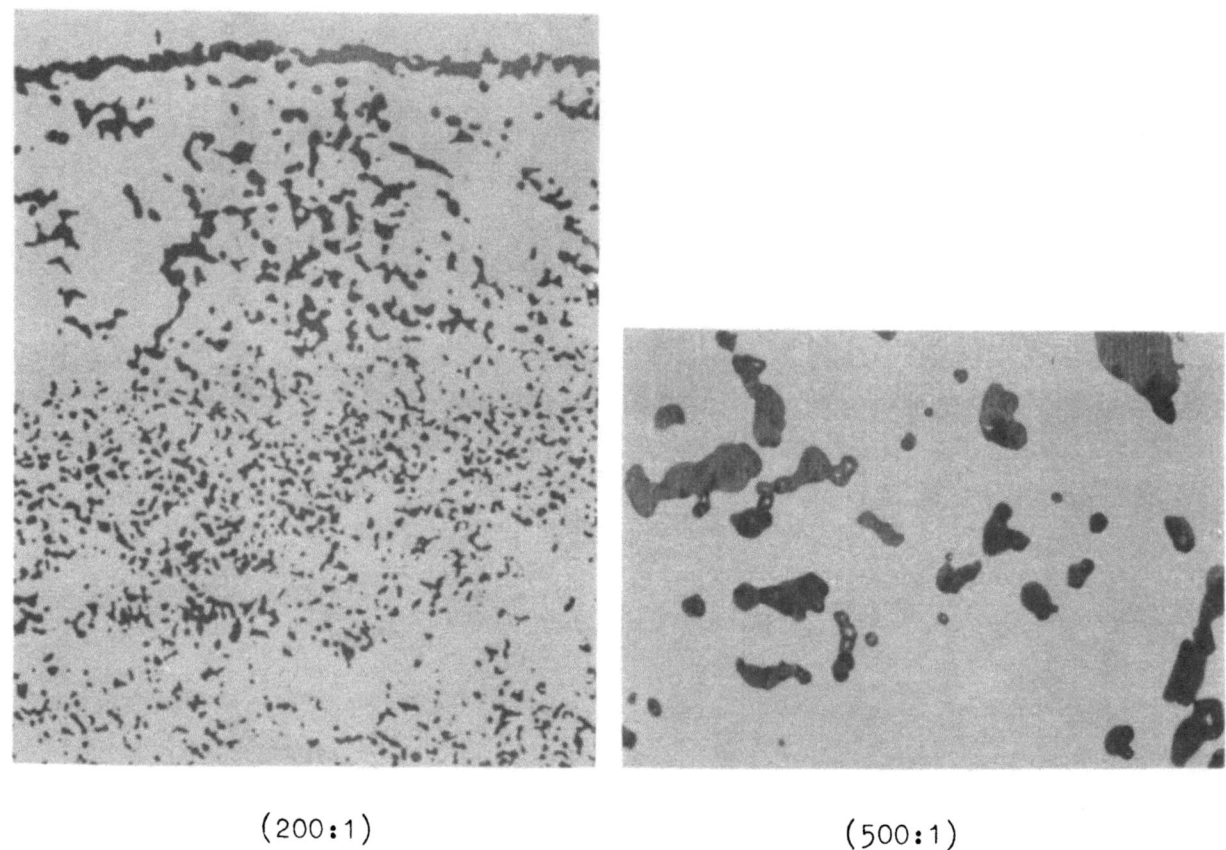

(200:1) (500:1)

Abbildung 8

Einschlüsse in einer angedampften Decke oberhalb der Schmelze,
Probe V 385/3

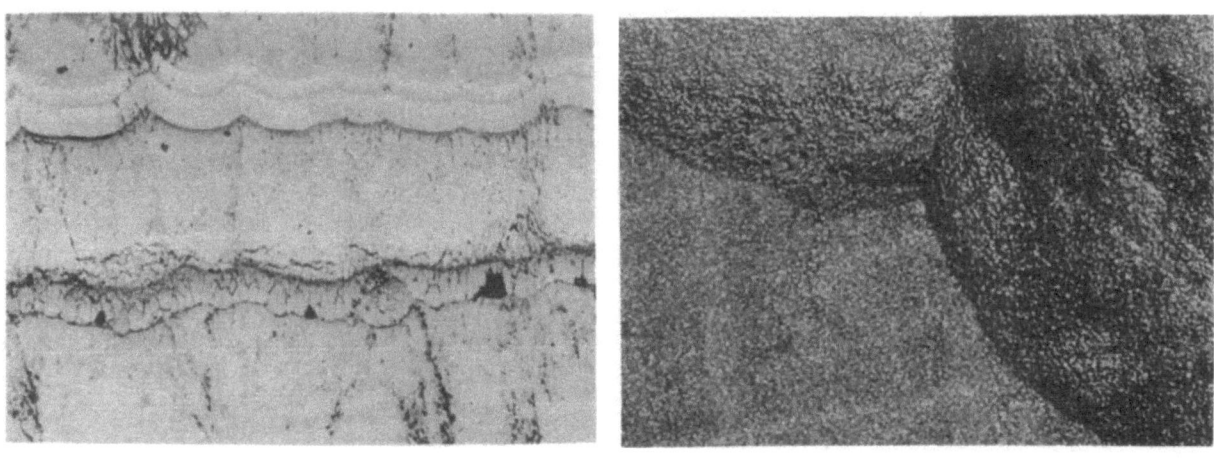

a) Querschliff, ungeätzt (200:1)

b) Längsschliff, mit alhol. Pikrinsäure geätzt (500:1)

Abbildung 9

Das Gefüge von am Vakuumkessel angedampften Eisenschichten

in den angedampften Decken geben die Abbildungen 7 und 8 wieder. Das am Vakuumkessel niedergeschlagene Eisen zeigt im Querschliff deutlich eine Schichtenbildung, Abbildung 9a. Im Längsschliff zeigen sich verschieden anätzbare Bereiche, Abbildung 9b.

III. Versuchsergebnisse

In den Tabellen 4 bis 9 ist das Verhalten der Begleitelemente im Eisen beim Schmelzen im Hochvakuum an einigen kennzeichnenden Beispielen für die einzelnen Tiegelbaustoffe wiedergegeben. Die folgende Besprechung des Verhaltens dieser Beimengungen und Tiegelzustellungen erfolgt unter Benutzung aller durchgeführten Schmelzen.

1. Verhalten der nichtmetallischen Beimengungen

Stickstoff

Für das Gleichgewicht zwischen dem in der Eisenschmelze gelösten Stickstoff und seinem Partialdruck oberhalb der Schmelze gilt die Gleichung:

$$(1) \qquad \tfrac{1}{2} N_2 \text{ (Gas)} = [N]^{1)},$$

deren Gleichgewichtskonstante

$$(2) \qquad \log K = -\frac{564}{T} - 1,10 \quad [8]$$

ist. Hieraus ergibt sich für das Temperaturgebiet von 1550 bis 1650°C bei einem Stifkstoffpartialdruck von $1 \cdot 10^{-4}$ Torr ein Gleichgewichtsgehalt des in der Eisenschmelze gelösten Stickstoffs von $1 \cdot 10^{-5}$ %. Bei den von uns angewandten Unterdrucken um 10^{-4} Torr müßte demnach ein Endstickstoffgehalt in der Eisenschmelze auftreten, der um etwa 2 Zehnerpotenzen kleiner ist als die Analysengrenze des üblichen Bestimmungsverfahrens.

Im Schrifttum [4-6, 9-11] werden bei Unterdrucken zwischen 10^{-3} und 10^{-4} Torr Stickstoffgehalte in Eisenschmelzen von etwa 0,001 % und kleiner angegeben.

Bei unseren Versuchen lag der Stickstoffgehalt im Einsatz zwischen 0,002 und 0,015 %. Bei Einsätzen mit kleinen Kohlenstoffgehalten, jedoch

---
1. Eckige Klammer bedeutet Lösung in der Eisenschmelze

Forschungsberichte des Wirtschafts- und Verkehrsministeriums Nordrhein-Westfalen

Tabelle 4

Ergebnisse von Vakuumschmelzen in Tiegeln aus Elektromagnesia
(chemische Zusammensetzung der Probenwerkstoffe in Gew.-%)

Probenbezeichnung	Einsatzwerkstoff	Zeit bis zur Probennahme[+]	C	O	N	H_2 (Ncm³/100 g)	P	As	S	Mn	Si	Cu	Mg	Ca	Al	Druck in Torr
V 276/1	4761	1 h 15'	0,57	0,002	<0,001	3,1	0,003	0,003	0,022	–	0,01	0,012	~0,001	~0,001	<0,002	$5 \cdot 10^{-4} - 8 \cdot 10^{-3}$ [++]
V 276/2	"	2 h 15'	0,57	0,001	<0,001	1,8	–	–	0,015	–	0,02	–	~0,001	~0,001	<0,002	$4 \cdot 10^{-4} - 5 \cdot 10^{-4}$
V 276/3	"	4 h 15'	0,57	0,001	<0,001	1,8	–	–	0,009	–	0,03	0,011	~0,001	~0,001	<0,002	$2 \cdot 10^{-4} - 4 \cdot 10^{-4}$
V 276/4	"	5 h 25'	0,54	0,001	<0,001	1,2	0,001	0,003	0,006	–	0,01	0,011	~0,001	~0,001	<0,002	$8 \cdot 10^{-5} - 2 \cdot 10^{-4}$
V 296/1	4808	1 h 35'	2,00	0,001	<0,001	4,3	0,002	0,003	0,019	–	0,05	0,04	~0,001	–	0,008	$5 \cdot 10^{-4} - 1 \cdot 10^{-2}$
V 296/2	"	2 h 40'	1,96	0,001	<0,001	2,9	0,002	0,002	0,012	–	0,07	0,04	~0,001	–	0,008	$2 \cdot 10^{-4} - 5 \cdot 10^{-4}$
V 296/3	"	6 h 25'	1,95	0,001	<0,001	2,3	0,002	0,002	0,003	–	0,09	0,02	~0,001	–	0,010	$1 \cdot 10^{-4} - 2 \cdot 10^{-4}$
V 334/1	V 278	1 h 10'	0,0047	0,002	0,001	–	0,025	0,003	0,020	0,0005	0,009	0,01	~0,001	~0,001	0,017	$6 \cdot 10^{-5} - 7 \cdot 10^{-4}$
V 334/2	"	3 h 10'	0,0032	0,006	0,001	–	0,029	0,003	0,016	0,0004	0,002	0,005	~0,001	~0,001	0,014	$6 \cdot 10^{-5} - 1 \cdot 10^{-4}$
V 334/3	"	6 h 40'	0,0029	0,025	<0,001	–	0,035	0,003	0,003	0,0004	0,001	0,005	~0,001	~0,001	0,013	$4 \cdot 10^{-5} - 6 \cdot 10^{-5}$
V 384/1	4949	6 h 50'	0,0048	0,178	0,004	–	0,003	0,002	0,004	0,0004	0,001	0,006	~0,001	~0,001	0,005	$2 \cdot 10^{-4} - 4 \cdot 10^{-4}$
V 384/2	"	14 h 25'	0,0018	0,180	0,001	–	0,003	0,002	0,003	0,0003	0,004	0,006	~0,001	~0,001	0,004	$2 \cdot 10^{-5} - 2 \cdot 10^{-4}$
V 384/3	"	22 h	0,0023	0,152	0,001	–	0,003	0,002	0,003	0,0004	0,002	0,005	~0,001	~0,001	0,003	$1 \cdot 10^{-4} - 2 \cdot 10^{-4}$
V 386/1	4984	1 h	0,0050	0,171	0,008	4,0	0,019	0,003	0,002	0,0004	0,001	0,002	~0,001	~0,001	<0,003	$3 \cdot 10^{-4} - 6 \cdot 10^{-4}$
V 386/2	"	3 h	0,0064	0,161	0,005	0,7	0,012	0,002	0,001	0,0003	0,002	0,002	~0,001	~0,001	<0,003	$2 \cdot 10^{-4} - 3 \cdot 10^{-4}$
V 386/3	"	6 h 30'	0,0080	0,133	0,003	2,1	0,003	0,002	0,001	0,0003	0,002	<0,001	~0,001	~0,001	–	$8 \cdot 10^{-5} - 2 \cdot 10^{-4}$
V 387/1	4980	1 h	3,08	–	<0,001	–	0,020	0,012	0,029	0,0016	0,022	0,009	~0,001	~0,001	0,004	$3 \cdot 10^{-4} - 7 \cdot 10^{-4}$
V 387/2	"	3 h	3,06	–	<0,001	–	0,019	0,005	0,003	0,0004	0,030	0,005	~0,001	~0,001	<0,003	$1 \cdot 10^{-4} - 3 \cdot 10^{-4}$
V 387/3	"	6 h 50'	3,10	–	<0,001	–	0,021	0,007	0,002	0,0004	0,047	0,009	~0,001	~0,001	<0,003	$8 \cdot 10^{-5} - 1 \cdot 10^{-4}$
V 391/1	4980	1 h	3,19	–	<0,001	–	0,016	0,008	0,079	0,007	0,023	0,007	<0,001	~0,001	<0,005	$~3 \cdot 10^{-2}$ [+++]
V 391/2	"	2 h	3,25	–	<0,001	–	0,016	0,009	0,043	0,002	0,030	0,005	<0,001	~0,001	<0,005	$1 \cdot 10^{-3} - 2 \cdot 10^{-2}$
V 391/3	"	4 h	3,27	–	<0,001	–	0,016	0,008	0,014	0,001	0,033	0,005	<0,001	~0,001	<0,005	$4 \cdot 10^{-4} - 1 \cdot 10^{-3}$
V 391/4	"	6 h 55'	3,41	–	<0,001	–	0,018	0,005	0,005	0,002	0,034	0,005	<0,001	~0,001	<0,005	$2 \cdot 10^{-4} - 5 \cdot 10^{-4}$

+) Zeit bis zur Probennahme nach dem Verflüssigen und Einstellen des Vakuums
++) Vakuumkessel während des Einschmelzvorganges geöffnet, da ein Teil des Einsatzes am Tiegelrand hängen geblieben war
+++) Gewicht des Einsatzes 23,5 kg

Forschungsberichte des Wirtschafts- und Verkehrsministeriums Nordrhein-Westfalen

Tabelle 5

Ergebnisse von Vakuumschmelzen in Tiegeln aus Elektrokorund
(chemische Zusammensetzung der Probenwerkstoffe in Gew.-%)

Proben-bezeich-nung	Ein-satz-werk-stoff	Zeit bis zur Pro-bennahme+)	C	O	N	P	As	S	Mn	Si	Cu	Mg	Ca	Al	Druck in Torr
V 298/1	4808	1 h	1,96	0,002	0,001	0,002	0,004	0,025	-	0,02	0,04	~0,001	~0,001	0,06	$2 \cdot 10^{-4} - 4 \cdot 10^{-4}$
V 298/2	"	2 h	1,94	0,001	0,001	0,002	0,003	0,015	-	0,01	0,03	~0,001	~0,001	0,08	$1 \cdot 10^{-4} - 2 \cdot 10^{-4}$
V 298/3	"	6 h 25'	2,07	0,001	0,001	0,003	0,003	0,005	-	0,02	0,02	~0,001	~0,001	0,19	$1 \cdot 10^{-4}$
V 299/1	4807	1 h	0,98	0,001	<0,001	0,003	0,002	0,015	-	0,03	0,02	-	-	0,09	$2 \cdot 10^{-4} - 6 \cdot 10^{-4}$
V 299/2	"	2 h	0,96	0,002	0,001	0,002	0,002	0,009	-	0,02	0,03	-	-	-	$1 \cdot 10^{-4} - 2 \cdot 10^{-4}$
V 299/3	"	4 h	1,00	0,001	<0,001	0,002	0,002	0,005	-	0,03	0,02	-	-	0,09	$1 \cdot 10^{-4}$
V 299/4	"	6 h 30'	1,15	0,001	<0,001	0,003	0,002	0,005	-	0,04	0,01	-	-	0,18	$9 \cdot 10^{-5} - 1 \cdot 10^{-4}$
V 300/1	V 262	1 h	0,0026	0,005	0,001	0,027	0,003	0,018	0,0006	0,01	0,02	~0,001	~0,001	0,025	$3 \cdot 10^{-4} - 6 \cdot 10^{-4}$
V 300/2	"	2 h	0,0019	0,004	0,001	0,027	0,003	0,015	0,0005	0,003	0,01	~0,001	?	0,034	$3 \cdot 10^{-4}$
V 300/3	"	4 h	0,0020	0,004	<0,001	0,031	0,002	0,013	0,0005	<0,001	0,01	~0,001	~0,001	0,028	$2 \cdot 10^{-4} - 3 \cdot 10^{-4}$
V 300/4	"	7 h	0,0026	0,001	0,001	0,036	0,002	0,008	0,0004	<0,001	0,01	~0,001	~0,001	0,04	$2 \cdot 10^{-4}$
V 337/1	4894	1 h	0,09	0,001	0,003	0,008	0,003	0,029	-	0,010	0,005	~0,001	~0,001	0,036	$2 \cdot 10^{-4} - 8 \cdot 10^{-4}$
V 337/2	"	3 h	0,09	0,002	0,002	0,009	0,004	0,020	-	0,010	0,005	~0,001	~0,001	0,060	$1 \cdot 10^{-4} - 2 \cdot 10^{-4}$
V 337/3	"	6 h 30'	0,11	0,002	0,001	0,009	0,003	0,009	-	0,013	0,005	~0,001	~0,001	0,098	$6 \cdot 10^{-5} - 1 \cdot 10^{-4}$
V 388/1	4984	1 h 40'	0,0022	0,144	0,009	0,022	0,005	0,003	0,0004	0,001	0,004	~0,001	~0,001	0,016	$4 \cdot 10^{-4} - 4 \cdot 10^{-3}$
V 388/2	"	3 h 40'	0,0035	0,147	0,008	0,018	0,002	0,004	0,0006	0,002	0,005	~0,001	~0,001	0,032	$2 \cdot 10^{-4} - 4 \cdot 10^{-4}$
V 388/3	"	7 h 45'	0,0075	0,125	0,007	0,015	0,002	0,003	0,0006	0,001	0,006	~0,001	~0,001	0,045	$1 \cdot 10^{-4} - 2 \cdot 10^{-4}$
V 390/1	4980	1 h	2,56	-	0,002	0,017	0,008	0,039	0,0020	0,011	0,018	<0,001	~0,001	0,13	$8 \cdot 10^{-4} - 1 \cdot 10^{-3}$
V 390/2	"	3 h	2,58	-	0,001	0,018	0,005	0,003	0,0012	0,013	0,015	<0,001	~0,001	0,21	$4 \cdot 10^{-4} - 8 \cdot 10^{-4}$
V 390/3	"	7 h	2,78	-	<0,001	0,022	0,003	0,002	0,0013	0,017	0,003	<0,001	~0,001	0,22	$1 \cdot 10^{-4} - 4 \cdot 10^{-4}$

+) Zeit bis zur Probenahme nach dem Verflüssigen und Einstellen des Vakuums

Forschungsberichte des Wirtschafts- und Verkehrsministeriums Nordrhein-Westfalen

Tabelle 6

Ergebnisse von Vakuumschmelzen in Tiegeln aus stabilisiertem Zirkonoxyd

(chemische Zusammensetzung der Probenwerkstoffe in Gew.-%)

Proben-bezeich-nung	Ein-satz-werk-stoff	Zeit bis zur Probe-nahme+)	C	O	N	H_2 (Ncm^3/100 g)	P	As	S	Mn	Si	Cu	Mg	Ca	Al	Zr	Druck in Torr
V 328/1	4882	1 h 15'	0,67	0,002	< 0,001	1,0	0,002	0,002	0,034	-	0,03	0,003	~ 0,001	~ 0,001	0,020	< 0,001	$6 \cdot 10^{-3} - 2 \cdot 10^{-2}$
V 328/2	"	2 h 15'	0,69	0,002	< 0,001	1,6	0,002	0,002	0,022	-	0,06	0,004	< 0,001	~ 0,001	0,025	0,037	$5 \cdot 10^{-4} - 6 \cdot 10^{-3}$
V 328/3	"	4 h 15'	0,68	0,002	< 0,001	0,6	0,002	0,002	0,007	-	0,06	0,005	~ 0,001	~ 0,001	0,021	0,08	$3 \cdot 10^{-4} - 5 \cdot 10^{-4}$
V 328/4	"	6 h 40'	0,71	0,001	< 0,001	1,0	0,002	0,002	0,004	-	0,07	0,006	~ 0,001	~ 0,001	0,013	0,11	$1 \cdot 10^{-4} - 3 \cdot 10^{-4}$
V 329/1	4883	1 h	1,71	0,002	< 0,001	4,1	0,002	0,002	0,008	-	0,05	0,008	< 0,001	~ 0,001	0,015	0,33	$5 \cdot 10^{-4}$
V 329/2	"	3 h	1,78	0,001	< 0,001	0,7	0,001	0,001	0,006	-	0,05	0,008	< 0,001	~ 0,001	0,015	0,58	$3 \cdot 10^{-4} - 5 \cdot 10^{-4}$
V 329/3	"	7 h 25'	2,01	0,001	< 0,001	4,8	0,001	0,002	0,003	-	0,08	0,008	< 0,001	~ 0,001	0,022	1,04	$2 \cdot 10^{-4} - 3 \cdot 10^{-4}$
V 330/1	4879	1 h	0,19	0,002	< 0,001	3,5	0,004	0,003	0,018	0,0047	0,03	0,005	< 0,001	~ 0,001	0,006	0,04	$2 \cdot 10^{-4} - 6 \cdot 10^{-4}$
V 330/2	"	2 h	0,17	0,001	< 0,001	1,0	0,006	0,003	0,019	-	0,04	0,005	< 0,001	~ 0,001	0,010	0,09	$8 \cdot 10^{-5} - 2 \cdot 10^{-4}$
V 330/3	"	4 h	0,14	0,002	< 0,001	1,4	0,006	0,003	0,016	-	0,06	0,004	< 0,001	~ 0,001	0,010	0,17	$8 \cdot 10^{-5} - 1 \cdot 10^{-4}$
V 330/4	"	6 h 45'	0,14	0,001	< 0,001	1,0	0,006	0,003	0,009	0,0013	0,09	0,003	~ 0,001	~ 0,001	0,014	0,31	$7 \cdot 10^{-5} - 1 \cdot 10^{-4}$
V 331/1	V 262	1 h	0,0063	0,003	0,001	-	0,024	0,004	0,025	0,0006	0,012	0,003	~ 0,001	~ 0,001	0,005	< 0,0001	$6 \cdot 10^{-5} - 4 \cdot 10^{-4}$
V 331/2	"	3 h	0,0010	0,002	< 0,001	-	0,027	0,003	0,017	0,0004	0,015	0,001	~ 0,001	~ 0,001	0,005	< 0,0001	$5 \cdot 10^{-5} - 6 \cdot 10^{-5}$
V 331/3	"	7 h	0,0008	0,002	< 0,001	-	0,039	0,003	0,006	0,0004	0,015	0,002	< 0,001	~ 0,001	0,005	< 0,0001	$2 \cdot 10^{-5} - 5 \cdot 10^{-5}$
V 332/1	4892	1 h	0,0032	0,116	0,003	-	0,015	0,003	0,019	0,0005	< 0,001	0,007	< 0,001	~ 0,001	0,005	< 0,0001	$1 \cdot 10^{-4} - 4 \cdot 10^{-4}$
V 332/2	"	3 h	0,0018	0,090	0,003	-	0,013	0,003	0,010	0,0002	< 0,001	0,007	< 0,001	~ 0,001	0,005	< 0,0001	$6 \cdot 10^{-5} - 1 \cdot 10^{-4}$
V 332/3	"	6 h 35'	0,0020	0,067	< 0,001	-	0,008	0,002	0,003	0,0003	< 0,001	0,008	< 0,001	~ 0,001	0,008	< 0,0001	$4 \cdot 10^{-5} - 6 \cdot 10^{-5}$

+) Zeit bis zur Probenahme nach dem Verflüssigen und Einstellen des Vakuums

Forschungsberichte des Wirtschafts- und Verkehrsministeriums Nordrhein-Westfalen

Tabelle 7

Ergebnisse von Vakuumschmelzen im Kalziumzirkonattiegel
(chemische Zusammensetzung der Probenwerkstoffe in Gew.-%)

Proben-bezeich-nung	Ein-satz-werk-stoff	Zeit bis zur Probe-nahme+)	C	O	N	P	As	S	Si	Cu	Mg	Ca	Al	Zr	Druck in Torr
V 339/1	4883	1 h 10'	1,85	0,002	0,001	0,002	0,004	0,005	0,033	0,01	~0,001	~0,001	0,039	0,49	$4 \cdot 10^{-4} - 1 \cdot 10^{-3}$
V 339/2	"	3 h 10'	1,96	0,001	<0,001	0,001	0,004	0,002	0,036	0,01	~0,001	~0,001	0,039	0,81	$3 \cdot 10^{-4} - 4 \cdot 10^{-4}$
V 339/3	"	6 h 25'	2,09	0,001	<0,001	0,002	0,003	0,001	0,050	0,01	~0,001	~0,001	0,044	1,06	$2 \cdot 10^{-4} - 3 \cdot 10^{-4}$
V 340/1	4882	1 h	0,80	0,002	<0,001	0,002	0,002	0,024	0,023	0,01	~0,001	~0,001	0,017	0,05	$3 \cdot 10^{-4} - 6 \cdot 10^{-4}$
V 340/2	"	3 h	0,88	0,001	<0,001	0,002	0,004	0,009	0,026	0,01	~0,001	~0,001	0,016	0,12	$1 \cdot 10^{-4} - 3 \cdot 10^{-4}$
V 340/3	"	6 h 45'	1,07	0,001	<0,001	0,003	0,001	0,005	0,033	0,01	~0,001	~0,001	0,027	0,29	$8 \cdot 10^{-5} - 1 \cdot 10^{-4}$
V 341/1	4894	1 h 20'	0,14	0,001	0,001	0,008	0,002	0,023	0,017	0,01	–	~0,001	0,010	0,03	$2 \cdot 10^{-4} - 8 \cdot 10^{-4}$
V 341/2	"	3 h 20'	0,14	0,001	0,001	0,008	0,003	0,013	0,018	0,01	–	~0,001	0,028	0,08	$1 \cdot 10^{-4} - 2 \cdot 10^{-4}$
V 341/3	"	7 h	0,14	0,001	0,001	0,010	0,002	0,007	0,021	0,01	–	~0,001	0,025	0,15	$6 \cdot 10^{-5} - 1 \cdot 10^{-4}$
V 342/1	V 278	1 h 25'	0,0040	0,001	0,001	0,027	–	0,024	0,005	0,01	–	~0,001	0,013	<0,0001	$2 \cdot 10^{-4} - 6 \cdot 10^{-4}$
V 342/2	"	3 h 25'	0,0029	0,001	0,001	0,031	0,002	0,017	0,004	0,01	–	~0,001	0,013	<0,0001	$8 \cdot 10^{-5} - 2 \cdot 10^{-4}$
V 342/3	"	7 h 10'	0,0038	0,001	<0,001	0,042	0,002	0,011	0,003	0,01	<0,001	~0,001	0,011	<0,0001	$6 \cdot 10^{-5} - 8 \cdot 10^{-5}$

+) Zeit bis zur Probenahme nach dem Verflüssigen und Einstellen des Vakuums

Tabelle 8

Ergebnisse von Vakuumschmelzen im Kalktiegel
(chemische Zusammensetzung der Probenwerkstoffe in Gew.-%)

Proben-bezeich-nung	Ein-satz-werk-stoff	Zeit bis zur Probe-nahme+)	C	O	N	P	As	S	Si	Cu	Mg	Ca	Al	Druck in Torr
V 344/1	4907	1 h	1,86	<0,001	<0,001	0,003	0,004	0,009	0,022	0,001	~0,001	~0,001	0,006	$2 \cdot 10^{-4} - 5 \cdot 10^{-4}$
V 344/2	"	3 h	2,09	<0,001	<0,001	0,004	0,004	0,006	0,024	0,001	~0,001	~0,001	0,009	$4 \cdot 10^{-4} - 5 \cdot 10^{-4}$
V 344/3	"	6 h 50'	2,40	<0,001	<0,001	0,003	0,003	0,005	0,026	0,001	~0,001	~0,001	0,013	$2 \cdot 10^{-4} - 4 \cdot 10^{-4}$
V 345/1	V 241	1 h 10'	0,0067	0,001	0,001	0,012	0,005	0,022	0,004	0,005	~0,001	~0,001	0,006	$2 \cdot 10^{-4} - 9 \cdot 10^{-4}$
V 345/2	"	3 h 10'	0,0037	0,002	<0,001	0,013	0,003	0,017	0,005	0,005	~0,001	~0,001	0,011	$2 \cdot 10^{-4}$
V 345/3	"	6 h 10'	0,0029	0,001	<0,001	0,013	0,003	0,009	0,004	0,005	~0,001	~0,001	0,018	$2 \cdot 10^{-4}$

+) Zeit bis zur Probenahme nach dem Verflüssigen und Einstellen des Vakuums

Forschungsberichte des Wirtschafts- und Verkehrsministeriums Nordrhein-Westfalen

Tabelle 9

Ergebnisse von Vakuumschmelzen im Dolomittiegel
(chemische Zusammensetzung der Probenwerkstoffe in Gew.-%)

Proben-bezeich-nung	Ein-satz-werk-stoff	Zeit bis zur Proben-nahme[+]	C	O	N	P	As	S	Si	Cu	Mg	Ca	Al	Druck in Torr
V 323/1	4807	1 h	0,55	0,002	<0,001	0,003	0,004	0,010	0,02	0,006	–	–	0,005	$1 \cdot 10^{-3} - 5 \cdot 10^{-2}$
V 323/2	"	2 h	0,47	0,001	–	0,003	0,003	0,009	0,01	0,006	–	–	–	$1 \cdot 10^{-2} - 3 \cdot 10^{-2}$
V 323/3	"	4 h	0,43	0,001	<0,001	0,003	0,004	0,007	0,01	0,005	–	–	0,005	$3 \cdot 10^{-4} - 8 \cdot 10^{-3}$
V 324/1	4808	1 h	1,54	0,001	<0,001	0,004	0,003	0,007	0,01	0,05	~0,001	~0,001	0,004	$3 \cdot 10^{-4} - 4 \cdot 10^{-4}$
V 324/2	"	3 h	1,69	0,001	<0,001	–	–	0,004	0,01	0,018	~0,001	~0,001	0,005	$2 \cdot 10^{-4} - 3 \cdot 10^{-4}$
V 324/3	"	7 h	1,87	0,001	<0,001	0,003	0,002	0,003	0,02	0,013	~0,001	~0,001	0,004	$1 \cdot 10^{-4} - 2 \cdot 10^{-4}$
V 325/1	4879	1 h	0,17	0,002	<0,001	0,004	0,003	0,018	0,01	0,004	<0,001	~0,001	0,010	$2 \cdot 10^{-4} - 5 \cdot 10^{-4}$
V 325/2	"	3 h	0,15	0,001	<0,001	0,005	0,003	0,015	0,01	0,002	~0,001	~0,001	0,004	$2 \cdot 10^{-4}$
V 325/3	"	6 h 25'	0,14	0,001	<0,001	0,004	0,003	0,009	0,01	0,002	~0,001	–	0,004	$6 \cdot 10^{-5} - 1 \cdot 10^{-4}$
V 326/1	4882	1 h	0,78	0,002	<0,001	0,005	0,003	0,019	0,009	0,021	~0,001	~0,001	0,013	$8 \cdot 10^{-5} - 5 \cdot 10^{-4}$
V 326/2	"	3 h	0,81	0,001	<0,001	–	–	0,011	0,013	0,012	~0,001	~0,001	0,018	$6 \cdot 10^{-5} - 1 \cdot 10^{-4}$
V 326/3	"	6 h 25'	0,97	0,001	<0,001	0,003	0,002	0,006	0,018	0,006	–	~0,001	–	$2 \cdot 10^{-5} - 6 \cdot 10^{-5}$
V 327/1	V 262	1 h	0,029[++]	0,002	<0,001	0,025	–	0,021	0,004	0,003	~0,001	~0,001	0,006	$1 \cdot 10^{-4} - 5 \cdot 10^{-4}$
V 327/2	"	3 h	0,006	0,005	<0,001	0,029	–	0,027	0,002	0,002	~0,001	~0,001	0,005	$5 \cdot 10^{-5} - 1 \cdot 10^{-4}$
V 327/3	"	6 h 40'	0,003	0,007	<0,001	0,038	0,002	0,020	<0,001	0,003	~0,001	–	0,009	$5 \cdot 10^{-5} - 7 \cdot 10^{-5}$

+) Zeit bis zur Probenahme nach dem Verflüssigen und Einstellen des Vakuums

++) Der Kohlenstoffgehalt ist gegenüber dem Einsatzwerkstoff erhöht durch im Tiegel verbliebene Reste der Schmelze V 326

höheren Sauerstoffgehalten von etwa 0,2 %, wurde eine verhältnismäßig langsame Entstickung festgestellt. Die Stickstoffgehalte betrugen hier in den ersten abgegossenen Proben 0,009 % und weniger und in den letzten abgegossenen Proben 0,007 und weniger. Bei allen anderen Einsätzen betrug der Stickstoffgehalt bereits in der ersten, nach einer Stunde Schmelzdauer bei 10^{-4} Torr abgegossenen Probe 0,004 % und weniger, und die letzten abgegossenen Proben hatten 0,002 % und niedrigere Stickstoffgehalte. Stickstoffgehalte unter 0,001 %, also unterhalb der Analysengrenze, wurden bei den zuerst abgegossenen Proben bei etwa 55 %, bei den zuletzt abgegossenen Proben bei etwa 80 % aller durchgeführten Schmelzen beobachtet. In den angedampften Niederschlägen an den Tiegeln ergab die Analyse Stickstoffgehalte von 0,001 % und kleiner, wogegen in den Niederschlägen am Kessel die Stickstoffgehalte 0,002 bis 0,009 % betrugen, Tabelle 3.

Entsprechend der Gleichgewichtsbeziehung zwischen dem in der Eisenschmelze gelösten Stickstoff und seinem Partialdruck über der Schmelze (Gleichung 2), werden also in der Eisenschmelze bei der Vakuumbehandlung recht kleine Stickstoffgehalte eingestellt, die mit 0,001 % an der Bestimmungsgrenze des Analysenverfahrens liegen. In allen Fällen führten höhere Sauerstoffgehalte in den Eisenschmelzen zu einer beträchtlichen Verzögerung der Entstickung.

Wasserstoff

Die Löslichkeit von Wasserstoff in Eisen ändert sich nach A. SIEVERTS [12] sowie A. SIEVERTS, G. ZAPF und H. MORITZ [13] mit der Quadratwurzel seines Partialdruckes und beträgt z.B. bei 1600° und einem Druck von 10^{-3} Torr etwa 0,03 Ncm³/100 g. Im Schrifttum [4-6, 11] werden nach dem Schmelzen im Hochvakuum Wasserstoffgehalte zwischen 5 Ncm³/100 g und 0,1 Ncm³/100 g angegeben. Sie sind also um 1 bis 2 Zehnerpotenzen höher als der oben angegebene Gleichgewichtswert.

In den vorliegenden Untersuchungen wurden Wasserstoffgehalte zwischen 0,3 und 4,8 Ncm³ H_2/100 g gefunden, wobei die Gehalte in verschiedenen Proben aus der gleichen Schmelze innerhalb einer Zehnerpotenz streuten.

Phosphor

Der Phosphor hat bei 282° schon einen Dampfdruck von 760 Torr [14], während der Eisendampfdruck bei 1600° etwa 0,1 Torr beträgt [11, 14-16].

Partialdampfdruckmessungen im System Fe-P zwischen 1540 und 1620° bei Phosphorgehalten bis 1 % haben gezeigt, daß der Dampfdruck und damit die Aktivität der Komponenten in diesem System der molaren Konzentration proportional ist [17]. Die großen Unterschiede im Dampfdruck zwischen Eisen und Phosphor sowie die Proportionalität zwischen Dampfdruck und Konzentration machen es wahrscheinlich, daß aus Eisen-Phosphor-Legierungen Phosphor im Vakuum bei hohen Temperaturen abdampft. Es ist jedoch hierbei zu berücksichtigen, daß die Aktivität des Phosphors und damit sein Partialdampfdruck durch den im Eisen gelösten Sauerstoff erniedrigt wird [18] und daß bei niedrigen Phosphorgehalten wahrscheinlich ein bemerkenswerter Einfluß des Kohlenstoffs vorliegt [19]. Außerdem wäre noch eine Entphosphorung bei höheren Sauerstoffgehalten in den Schmelzen über eine Phosphatbildung mit dem basischen Tiegel möglich.

Beim Erschmelzen von Eisenlegierungen im Hochvakuum mit 0,03 % P und weniger wird keine Änderung der Phosphorgehalte beobachtet [4, 5, 9, 10]. Lediglich H. ZAKOWA [11] stellte an einigen Schmelzen eine Phosphorabnahme von 0,017 auf 0,009 bzw. 0,006 % fest.

Eine kritische Betrachtung der Versuchsergebnisse ergibt kein einheitliches Bild über das Verhalten des Phosphors in Eisenschmelzen im Hochvakuum.

Bei unseren Versuchen bleibt bis zu etwa 0,012 % P in den Eisenschmelzen unabhängig von den Kohlenstoff- und Sauerstoffgehalten der Phosphorgehalt annähernd gleich, Tabellen 4 - 9. Oberhalb 0,012 % P in den Eisenschmelzen nimmt beim Reinsteisen der Phosphor unabhängig vom Tiegelbaustoff von etwa 0,025 % auf 0,04 % zu. Bei gleichzeitig höheren Sauerstoffgehalten in den Schmelzen nimmt der Phosphor während der Vakuumbehandlung ab, wobei im basischen MgO-Tiegel, Tabelle 4, Schmelze V 386, diese Abnahme wesentlich stärker ist als im neutralen Aluminiumoxyd-Tiegel, Tabelle 5, Schmelze V 388. Eine Phosphor-Anreicherung der Tiegelwand konnte in keinem Falle beobachtet werden. Bei 3,5 % C und 0,018 % P bleibt der Phosphorgehalt sowohl im Magnesiumoxyd- als auch im Aluminiumoxydtiegel unverändert.

Die Phosphorgehalte in dem angedampften Eisen sind damit nicht immer in Einklang. So zeigt Tabelle 3a für die Schmelzen, in denen der Phosphorgehalt während der Vakuumbehandlung nahezu gleich bleibt, nur teilweise eine Übereinstimmung zwischen den Phosphorgehalten im Kondensat und der Schmelze. In anderen Fällen werden aber auch sowohl zu hohe als auch zu niedrige Phosphorgehalte im Kondensat gefunden. Zur Klarstellung des Verhaltens von im Eisen gelösten Phosphor beim Vakuumschmelzen sollen deshalb noch weitere Versuche durchgeführt werden.

Arsen

Der Dampfdruck des Arsens beträgt bei 616° schon 760 Torr [14]. Über Dampfdrucke von Arsen über Eisen-Arsen-Legierungen, vorwiegend bei kleinen Arsengehalten, konnten im Schrifttum keine Angaben gefunden werden.

Die Gehalte an Arsen im Einsatz waren mit 0,002 bis 0,008 % verhältnismäßig niedrig. In den ersten abgegossenen Proben waren die Arsengehalte gegenüber den Ausgangsgehalten noch unverändert. Erst in der letzten Probe hatten die Arsengehalte auf 0,001 bis 0,004 % abgenommen. Nur bei der Schmelze V 387 betrug der Endgehalt 0,007 % As. Die Arsengehalte in dem am Tiegel angedampften Eisen betrugen zwischen 0,003 und 0,010 %, in dem am Kessel niedergeschlagenen Eisendampf dagegen 0,005 bis 0,030 %, wodurch die Abnahme der Arsengehalte in den Eisenschmelzen erklärt ist.

Schwefel

Die Reaktion

$$(3) \qquad \tfrac{1}{2} S_2 \text{ (Gas)} = [S]$$

hat für kohlenstoff- und sauerstofffreie Eisenschmelzen die Gleichgewichtskonstante

$$(4) \qquad \log K = \frac{6160}{T} - 0{,}75 \quad [20]$$

Hieraus lassen sich für verschiedene Temperaturen Schwefelpartialdrucke errechnen, die zu bestimmten Schwefelgehalten in der Eisenschmelze gehören. Diese Werte sind in Tabelle 10 für 1550, 1600 und 1650° zusammengestellt. Bei Schwefelgehalten in der Eisenschmelze zwischen 0,05 und 0,3 % sind danach die Schwefelpartialdrucke im Dampf mit 10^{-5} bis 10^{-3} Torr etwa gleich den Unterdrucken, die bei den vorliegenden Versuchen angewendet wurden. Bei Schwefelgehalten von 0,05 bis 0,003 %

Tabelle 10

__Schwefelpartialdrucke P_{S_2} oberhalb kohlenstoff- und sauerstofffreier Eisenschmelzen bei 1550, 1600 und 1650°__

S-Gehalt in % in der Schmelze	P_{S_2} in Torr bei 1550°	P_{S_2} in Torr bei 1600°	P_{S_2} in Torr bei 1650°
0,003	$4 \cdot 10^{-8}$	$6 \cdot 10^{-8}$	$9 \cdot 10^{-8}$
0,025	$2 \cdot 10^{-6}$	$4 \cdot 10^{-6}$	$6 \cdot 10^{-6}$
0,050	$8 \cdot 10^{-6}$	$2 \cdot 10^{-5}$	$3 \cdot 10^{-5}$
0,100	$4 \cdot 10^{-5}$	$6 \cdot 10^{-5}$	$1 \cdot 10^{-4}$
0,300	$4 \cdot 10^{-4}$	$6 \cdot 10^{-4}$	$8 \cdot 10^{-4}$

betragen sie zwischen etwa 10^{-8} bis 10^{-5} Torr. Bei der Vakuumbehandlung schwefelhaltiger Eisenschmelzen kann also mit einer Entschwefelung über die Dampfphase gerechnet werden. Bei kohlenstoffhaltigen Eisenschmelzen ist eine Schwefelverdampfung auch noch durch Bildung von Schwefelkohlenstoffverbindungen möglich. In der Tabelle 11 sind die von C.J.B. FINCHAM und R.A. BERGMAN [21] ermittelten Partialdrucke der verschiedenen Schwefeldämpfe oberhalb von kohlenstoffgesättigten Eisenschmelzen mit 0,3 % Schwefel für 1600° angegeben. Den größten Dampfdruck von etwa 1 Torr hat hiernach die Verbindung CS_2, den geringsten Dampfdruck von etwa 10^{-2} Torr der zweiatomige Schwefeldampf.

Tabelle 11

__Partialdrucke der schwefelhaltigen Gase über kohlenstoffgesättigten Fe-C-S-Legierungen mit 0,30 % S bei 1600°__

Dampfphase	Partialdruck in Torr
CS_2	$9,14 \cdot 10^{-1}$
CS	$4,90 \cdot 10^{-2}$
S_2	$1,66 \cdot 10^{-2}$
S	$4,96 \cdot 10^{-2}$

In Tabelle 12 sind die Dampfdrucke des zweiatomigen Schwefeldampfes oberhalb kohlenstoffgesättigter Eisenschmelzen bei 1600° in Abhängigkeit vom Schwefelgehalt angegeben [21], sie liegen bei Schwefelgehalten zwischen 0,15 und 0,50 % zwischen $4,36 \cdot 10^{-3}$ und $3,97 \cdot 10^{-2}$ Torr. Die Partialdrucke des Schwefeldampfes sind demnach bei der Kohlenstoffsättigung größer als bei kohlenstoffärmeren Schmelzen, Tabelle 10.

Tabelle 12

Schwefelpartialdrucke P_{S_2} über kohlenstoffgesättigten Fe-C-S-Legierungen bei 1600°

S-Gehalt in % in der Legierung	P_{S_2} in Torr
0,15	$4,36 \cdot 10^{-3}$
0,20	$7,54 \cdot 10^{-3}$
0,30	$1,66 \cdot 10^{-2}$
0,50	$3,97 \cdot 10^{-2}$

Von J. CHIPMAN und TA LI [22] wurde darauf hingewiesen, daß in sauerstoffreichen Eisenschmelzen auch eine Verdampfung des Schwefels über die Bildung von SO_2 möglich sein könnte. Entsprechend der Gleichung

(5) FeS (%, gelöst im Eisen) + 2 FeO (%, gelöst im Eisen)
$\rightleftharpoons$ 3 Fe (flüssig) + SO_2 (Gas)

mit der Gleichgewichtskonstante

(6) $$\log K = -\frac{4290}{T} - 2,15$$

ergibt sich bei 0,02 % S und etwa 0,08 % gelöstem Sauerstoff ein Schwefeldioxyd-Partialdruck von $2 \cdot 10^{-3}$ Torr. Die Bildung von SO-Dampf sollte danach zu vernachlässigen sein.

Eine weitere Möglichkeit der Entschwefelung besteht in der Reaktion der schwefelhaltigen Eisenschmelze mit dem Tiegel entsprechend der Gleichung

(7) $\qquad$ [S] + MeO (fest) = MeS (fest) + [O] .

Der Ablauf dieser Reaktion wird demnach weitgehend durch den dabei gebildeten Sauerstoff gesteuert.

Nach den Angaben im Schrifttum [4, 9-11] findet bei Unterdrucken bis zu 10^{-4} Torr und Schmelzzeiten bis zu 85 min keine Veränderung im Schwefelgehalt der Eisenschmelzen statt. Die Schwefelgehalte in den untersuchten Eisenschmelzen betrugen allerdings höchstens 0,02 %. Siliziumhaltige Roheisenschmelzen zeigen jedoch nach H.G. ERNE [23] im Vakuum eine starke Entschwefelung.

Der Schwefelgehalt im Ausgangszustand betrug bei den durchgeführten Schmelzen 0,003 bis 0,057 % und für die Schmelze mit 3,53 % C 0,138 %. Bei der Vakuumbehandlung wurde in allen Tiegeln eine starke Abnahme der Schwefelgehalte in den Schmelzen beobachtet, die Endgehalte lagen zwischen 0,001 und 0,009 % S. Bei der Schmelze V 342 im Kalziumzirkonattiegel lag der Endgehalt mit 0,011 % S etwas höher. Bei einem Ausgangsgehalt von 0,050 % S hat aber auch hier eine kräftige Entschwefelung stattgefunden. Die Schmelze V 327 im Dolomittiegel ist die einzige Ausnahme, sie ist bei einem Ausgangsgehalt von 0,022 % S praktisch nicht entschwefelt. Wir werden weiter unten eine Erklärung für dieses Verhalten geben.

In den angedampften Kondensaten an der Ofenwand ist der Schwefelgehalt, wie Tabelle 3 zeigt, mit 0,015 bis 3,3 % außerordentlich hoch. Die höchsten Schwefelgehalte im Kondensat sind bei den Schmelzen mit den höchsten Kohlenstoffgehalten vorhanden, kohlenstoffreiche Schmelzen ergeben im allgemeinen neben hohen Schwefelgehalten auch höhere Kohlenstoffgehalte im Kondensat. Es ist somit wahrscheinlich, daß der Schwefel aus kohlenstoffhaltigen Schmelzen als Kohlenstoffverbindung abdampft. In den Kondensaten dicht oberhalb der Schmelze im Tiegel ist der Schwefelgehalt wesentlich kleiner. Er beträgt zwischen 0,001 bis 0,023 % und liegt demnach in der gleichen Größenordnung wie der Endgehalt in der Schmelze. Die Kondensation des schwefelhaltigen Dampfes erfolgt also weitgehend an kalten Ofenteilen, die weiter von der Schmelze entfernt sind.

Es wurde schon darauf hingewiesen, daß außer der Entschwefelung über die Dampfphase noch eine Entschwefelung über eine Tiegelreaktion möglich ist. Die Tiegelbaustoffe enthielten im Ausgangszustand Schwefelgehalte zwischen 0,01 bis 0,07 %, Tabelle 1. Nach Durchführung der

Vakuumschmelzen war der Schwefelgehalt in der Tiegelinnenwand meist unverändert geblieben, nur im Dolomittiegel war der Schwefel nach Durchführung von insgesamt 5 Schmelzen von etwa 0,04 bis 0,06 % auf 0,13 bis 0,16 % angestiegen. Eine Tiegelreaktion ist also nur im Falle dieses Dolomittiegels festzustellen. Hierauf ist auch das abweichende Verhalten in der Entschwefelung bei der letzten dieser Schmelzen, V 327, zurückzuführen, über das schon berichtet wurde. Durch das bei den vorhergehenden Schmelzen an der Tiegelwand gebildete Sulfid trat in diesem Falle eine ständige Schwefelnachlieferung an die Schmelze ein, die den abgedampften Schwefel wieder ersetzt.

Kohlenstoff und Sauerstoff

Der Dampfdruck von Kohlenstoff ist wesentlich geringer als der des Eisens. Während ein Dampfdruck von 1 Torr oberhalb von Graphit erst bei 2415° erreicht wird, ist er bei Eisen bereits bei 1798° vorhanden [14]. Über Dampfdrucke von Eisen-Kohlenstoff-Legierungen bei den hier interessierenden Temperaturen konnten im Schrifttum keine Angaben aufgefunden werden. Da in kohlenstoffgesättigten Eisenschmelzen der Kohlenstoff das gleiche chemische Potential wie der Graphit bei derselben Temperatur besitzt [24], ist anzunehmen, daß beim Schmelzen dieser Legierungen im Hochvakuum das Eisen bevorzugt vor dem Kohlenstoff abdampft.

Für das Gleichgewicht zwischen dem im Eisen gelösten Sauerstoff und dem Sauerstoffpartialdruck nach

$$(8) \qquad \tfrac{1}{2} O_2 (\text{Gas}) = [O]$$

gilt

$$(9) \qquad \log K = \frac{6100}{T} + 0,125 \quad [25]$$

Hieraus ergeben sich die in Tabelle 13 wiedergegebenen Gleichgewichtspartialdrucke in Abhängigkeit vom gelösten Sauerstoff bei 1600°. Bei einer sauerstoffgesättigten Eisenschmelze mit 0,23 % O ist nach Tabelle 13 der Sauerstoffpartialdruck nur wenig niedriger als der bei den Versuchen angewendete Unterdruck. Eine Abnahme des Sauerstoffgehaltes in der Schmelze durch Verdampfung erscheint hiernach möglich.

Tabelle 13

Sauerstoffpartialdrucke P_{O_2} in Abhängigkeit vom gelösten Sauerstoff bei 1600°C

O-Gehalt in %	P_{O_2} in Torr
0,001	$1,3 \cdot 10^{-10}$
0,01	$1,3 \cdot 10^{-8}$
0,05	$3,3 \cdot 10^{-7}$
0,10	$1,3 \cdot 10^{-6}$
0,15	$3,0 \cdot 10^{-6}$
0,23	$6,9 \cdot 10^{-6}$

Von ganz besonderem Interesse ist das Vakuumschmelzen von Eisen- und Stahllegierungen im Hinblick auf den Ablauf der Reaktion zwischen dem in der Schmelze gelösten Kohlenstoff und dem Sauerstoff. Für diese Reaktion gilt die Gleichung

$$(10) \qquad [C] + [O] = CO \text{ (Gas)}$$

mit der Gleichgewichtskonstante

$$(11) \qquad K = \frac{P_{CO}}{[C] \cdot [O]}.$$

Mit abnehmenden P_{CO}-Werten nimmt auch das Produkt $[C] \cdot [O]$ ab. Beim Vakuumschmelzen kann somit eine gute Desoxydation ausschließlich über die Gasphase erfolgen.

Über das Verhalten von Kohlenstoff bzw. Sauerstoff in Eisen beim Schmelzen im Hochvakuum sind im Schrifttum keine Angaben vorhanden. Dagegen liegen über den Ablauf der Reaktion (10) beim Vakuumschmelzen eine Reihe von Beobachtungen vor. Übereinstimmend werden von den Bearbeitern bei Unterdrucken von 10^{-2} bis 10^{-4} Torr Endgehalte an Kohlenstoff und Sauerstoff in der Eisenschmelze von je etwa 0,004 % und kleiner erhalten [4-6, 10, 11].

In den von uns durchgeführten Untersuchungen nimmt in vielen Fällen bei höheren Kohlenstoffgehalten von etwa 1 % und mehr beim Vakuumschmelzen der Kohlenstoffgehalt mit der Schmelzzeit entsprechend den oben angeführten Überlegungen zu. Diese Zunahme liegt zwischen 0,11 und 0,54 % nach etwa 6 bis 7-stündiger Schmelzzeit. Hiermit steht im Einklang, daß der Kohlenstoffgehalt im angedampften Eisen kleiner ist als in der zugehörigen Schmelze. Bei der Schmelze V 344 betrug z.B. der Kohlenstoffgehalt der ersten abgegossenen Probe 1,86 %, der Endkohlenstoffgehalt 2,40 % und im angedampften Eisen waren 0,50 % C (Tab. 8 und 3 a).

Die Reaktion (10) läuft beim Vakuumschmelzen verhältnismäßig schnell von links nach rechts ab. Wie aus den Tabellen 4 und 9 zu ersehen ist wurden bereits in den ersten abgegossenen Proben Sauerstoffgehalte zwischen 0,001 und 0,003 % erreicht.

In den letzten abgegossenen Proben lag der Sauerstoffgehalt in den meisten Fällen mit 0,001 % an der Empfindlichkeitsgrenze des Heißextraktionsverfahrens. Die niedrigsten erreichten Kohlenstoffgehalte betrugen etwa 0,001 bis 0,003 %. Die durch diese Reaktion erhaltenen Kohlenstoff- und Sauerstoffgehalte beim Vakuumschmelzen von Reinsteisen liegen bei unseren Versuchen somit in der gleichen Größenordnung wie in den angeführten Schrifttumsangaben [4-6, 10, 11].

2. Verhalten der metallischen Begleitelemente des Eisens

Mangan

Der Dampfdruck des Mangans bei 1600° ist etwa um zwei Zehnerpotenzen höher als der des Eisens [11, 14-16]. Der Mangangehalt nimmt deshalb beim Schmelzen von Eisen im Hochvakuum stark ab.

Bereits nach kurzen Schmelzzeiten im Hochvakuum sollen nach Angaben im Schrifttum Abnahmen der Mangangehalte von z.B. 1,06 % auf 0,05 % [9] bzw. von 0,23 bis 0,46 % auf < 0,01 % auftreten [10]. In den eigenen Versuchen wurden, wie die Tabellen 4 bis 6 zeigen, bei Ausgangsgehalten von 0,008 % Mn und geringer, Endgehalte an Mangan $\leq$ 0,001 % festgestellt. In den an der Kesselwand angedampften Kondensaten waren Mangangehalte von 0,022 % und kleiner vorhanden.

Silizium

Der Dampfdruck des Siliziums ist bei 1600° etwa sechs- bis zehnmal größer als der des Eisens [11, 14, 15]. Aus siliziumhaltigen Eisenlegierungen kann daher eine Verdampfung von Silizium bei einer Vakuumbehandlung erfolgen. Wie Tabelle 1 zeigt, enthalten aber alle verwendeten Tiegelbaustoffe Kieselsäure als Verunreinigung, die bereits unter normalen Schmelzbedingungen sehr leicht reduziert wird, und so den Siliziumgehalt der Schmelze erhöht.

Aus dem Schrifttum ist zu entnehmen, daß bei längeren Schmelzzeiten zwischen 1 und 4 h bei Drucken zwischen 10^{-2} und 10^{-4} Torr im allgemeinen eine Abnahme der Siliziumgehalte bis auf sehr niedrige Werte erfolgt [10, 11]. Bei kürzeren Schmelzzeiten bis etwa 15 min bei 10^{-3} Torr erhielt O. WINKLER [9] keine Abnahme der Siliziumgehalte.

Bei unseren Versuchen betrug der Siliziumgehalt im Ausgangsmaterial 0,001 bis 0,018 %. Schmelzen mit höheren Kohlenstoffgehalten zwischen etwa 0,1 und 3,5 % zeigten im allgemeinen eine Zunahme der Endsiliziumgehalte auf 0,01 bis 0,13 % Si. Trotz etwa gleicher Verunreinigungsgehalte an Kieselsäure zwischen 1 bis 2 % ergaben sich im Magnesiatiegel Endsiliziumgehalte von 0,13 %, im Dolomittiegel jedoch nur von 0,02, was auf eine festere Bindung der Kieselsäure im Dolomit hindeutet.

Bei den Schmelzen mit niedrigen Kohlenstoffgehalten unterhalb etwa 0,1 % liegen die Endgehalte an Silizium zwischen 0,004 % und 0,001 %. Der Siliziumgehalt hat hierbei gegenüber dem Ausgangsgehalt im allgemeinen abgenommen. Eine Ausnahme hiervon bildet lediglich Schmelze V 331 im Zirkonoxydtiegel, bei der der Siliziumgehalt von 0,006 % auf 0,015 % angestiegen ist (Tab. 6).

Bei kohlenstoffhaltigen Schmelzen findet demnach eine Reduktion der Kieselsäure im Tiegel statt, die bei den kohlenstofffreien Schmelzen sehr viel geringer ist. In jedem Falle wird aber Silizium aus der Schmelze mit dem Eisendampf weggeführt, da die Analysen der niedergeschlagenen Kondensate am Ofenkessel Siliziumgehalte zwischen 0,011 bis 0,076 % und am Tiegel oberhalb der Schmelze 0,005 bis 0,026 % ergeben. Ein Zusammenhang zwischen dem Kohlenstoffgehalt der Schmelze und dem Siliziumgehalt im Kondensat ist nicht festzustellen.

Kupfer

Bei 1600° beträgt der Dampfdruck des reinen Kupfers etwa 1 Torr [11, 14-16, 26], der Dampfdruck des Kupfers in einer Eisen-Kupfer-Legierung mit 0,071 % Cu bei 1539° 0,212 Torr [26]. Bei der gleichen Temperatur beträgt der Dampfdruck des Eisens nur 0,05 Torr [14]. Bei der Vakuumbehandlung sollte mithin ein Abdampfen von Kupfer möglich sein. Im Schrifttum ist wiederholt auf eine Kupferabnahme beim Vakuumschmelzen hingewiesen worden. F. WEVER, W.A. FISCHER und H. ENGELBRECHT [4] beobachteten eine Abnahme der Kupfergehalte von 0,036 % auf 0,005 bis 0,001 %, K. BUNGARDT und H. SYCHROWSKY [10] von 0,15 % auf 0,03 bis 0,02 % und H. ZAKOWA [11] von 0,15 bis 0,17 % auf 0,05 bis 0,08 %. Diese Untersuchungen beziehen sich auf Druckbereiche zwischen 10^{-2} bis 10^{-4} Torr und auf Schmelzzeiten zwischen 15 min und 4 h.

Nach Tabelle 4 bis 9 betrugen bei den durchgeführten Versuchen die Endgehalte an Kupfer zwischen 0,001 % und 0,02 %. Im allgemeinen sind sie kleiner als die Ausgangswerte von 0,05 bis 0,002 %. In vereinzelten Fällen ist jedoch aus ungeklärten Gründen der Kupfergehalt während der Vakuumbehandlung unverändert geblieben, in einigen wenigen Fällen hatte auch noch eine geringe Zunahme der Kupfergehalte stattgefunden. In Tabelle 3 sind die Kupfergehalte in dem kondensierten Eisen aufgeführt. Die größte Kupferanreicherung zeigen die Niederschläge am Ofengefäß mit Gehalten, die zwischen 0,014 und 0,13 % Cu lagen, und damit eine oder zwei Zehnerpotenzen höher sind als die Endgehalte in den Schmelzen. In den Kondensaten am Tiegel sind die Kupfergehalte wesentlich kleiner, sie liegen im allgemeinen in der Größenordnung der in den Schmelzen vorhandenen Kupfergehalte.

3. Die Reaktionen der Stahlschmelzen mit den Tiegelbaustoffen

Die Reaktionen zwischen den Schmelzen und den Tiegelbaustoffen hängen in starkem Maße von den Kohlenstoff- bzw. Sauerstoffgehalten in der Schmelze ab.

Eisenschmelzen mit 0,1 bis 3,5 % C

Für die Reaktion kohlenstoffhaltiger Eisenlegierungen im Hochvakuum mit den Oxyden der Tiegelzustellungen gilt die Gleichung:

$$(12) \qquad [C] + MeO \rightleftharpoons [Me] + CO_{(Gas)} .$$

Diese Reaktion muß vollständig von links nach rechts verlaufen, da beim Vakuumschmelzen das gebildete CO-Gas ständig abgepumpt wird.

Nach unseren Versuchen, s. auch Tabellen 5 bis 7, erfolgt beim Vakuumschmelzen kohlenstoffhaltigen Eisens in Tiegeln aus Al_2O_3, stabilisiertem ZrO_2 und $CaO \cdot ZrO_2$ eine laufende Zunahme der Aluminium- bzw. Zirkon-Gehalte in der Schmelze mit der Versuchszeit. Bei Ausgangsgehalten an Aluminium von 0,020 bis < 0,002 % ergaben sich nach 6 bis 7-stündiger Schmelzzeit Endgehalte zwischen 0,1 und 0,2 % Al. Sowohl im Tiegel aus stabilisiertem Zirkonoxyd als auch im Tiegel aus Calciumzirkonat lagen die Endgehalte an Zirkon zwischen 0,1 und 1 % Zr bei nur < 0,0001 % Zr im Einsatz. In den erkalteten Proben liegt das Zirkon überwiegend als Zirkonkarbid vor, wie Abbildung 10 zeigt.

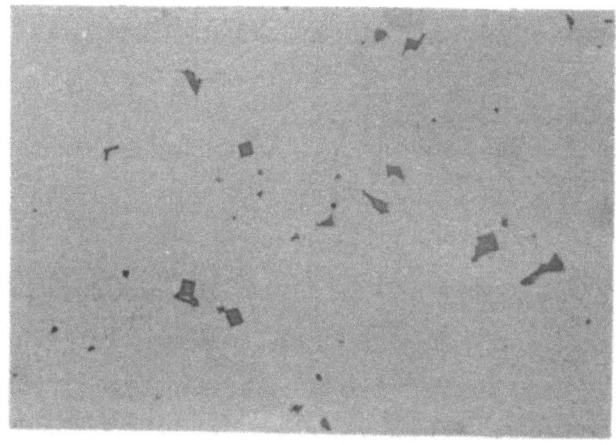

(500:1)

(1500:1)

A b b i l d u n g   10

Zirkonkarbid im Gefüge einer Schmelze im Tiegel aus stabilisiertem Zirkonoxyd. Probe V 268/3 mit 0,86 % C und 0,30 % Zr

Bei den Schmelzen im Magnesia-, Kalk- und Dolomittiegel wurden sowohl die Einsatzstoffe als auch die verschiedenen im Vakuum abgegossenen Proben auf ihre Magnesium- und Kalziumgehalte hin spektralanalytisch untersucht. Die Bestimmungsgrenze dieses spektralanalytischen Verfahrens beträgt 0,001 % Mg bzw. Ca. Die Untersuchungen ergeben sowohl für das Ausgangsmaterial als auch für die Vakuumschmelzen Magnesium- und Kalziumgehalte um 0,001 %.

Eisenschmelzen mit etwa 0,2 % O

Im Hochvakuum ist, wie weiter oben dargelegt wurde, eine Abnahme des Sauerstoffgehaltes durch Verdampfung aus Schmelzen mit etwa 0,2 % O möglich. Eine weitere Abnahme der Sauerstoffgehalte der Eisenschmelzen kann unter den Versuchsbedingungen im Vakuumofen dadurch erfolgen, daß Eisenoxydul in den Tiegel eindiffundiert, da alle diese Oxyde ein geringeres Sauerstoffpotential haben als die Eisenschmelze mit etwa 0,2 % O. Nimmt man für die bei diesen Versuchen benutzten Tiegel eine Zone von nur 1 mm Tiefe an, die sich mit der sauerstoffhaltigen Schmelze ins Gleichgewicht setzt, so bedeutet das bei Tiegeln aus stabilisiertem Zirkonoxyd, Magnesiumoxyd und Aluminiumoxyd auf Grund der aus den Zustandsdiagrammen des Eisen(II)-oxyds mit dem Zirkonoxyd [27], Magnesiumoxyd [28] und Aluminiumoxyd [29] zu entnehmenden Löslichkeiten für Eisen(II)-oxyd bei 1600° eine Abnahme des Sauerstoffgehaltes der Eisenschmelzen von 4 bis 5 kg Gewicht um etwa 0,02 bis 0,05 %.

Insgesamt wurden in Tiegeln aus Magnesia, Aluminiumoxyd und stabilisiertem Zirkonoxyd 5 Schmelzen mit 6 bis 7-stündiger und 2 Schmelzen mit etwa 20-stündiger Schmelzzeit durchgeführt. Von diesen Schmelzen zeigten sechs Abnahmen des Sauerstoffgehaltes von 0,19 bis 0,23 auf 0,063 bis 0,162 %. Lediglich bei einer Schmelze mit langer Schmelzzeit wurde keine Abnahme festgestellt. Wie in den Abbildungen 5a, 5b und 7 schon gezeigt wurde, sind in dem am Tiegel niedergeschlagenen Eisen bei diesen Schmelzen zum Teil auch erhebliche Anteile von oxydischen Einschlüssen enthalten. Die Sauerstoffgehalte in den Eisenniederschlägen am Tiegel, Tabelle 2 und 3, sind geringer als die zugehörigen Sauerstoffgehalte in den Schmelzen. Eine Abnahme des Sauerstoffgehaltes in der Schmelze durch Verdampfung erfolgte somit nicht, so daß die beobachteten Abnahmen des Sauerstoffgehaltes nur durch die beschriebene Diffusion von Eisen(II)-oxyd in den Tiegel erklärt werden können.

Reinsteisenschmelzen

P. HERASYMENKO [30] erhielt durch thermodynamische Überlegungen, ausgehend von der Dissoziationsgleichung,

(13) $\quad 2\, MgO\ (fest) = 2\, Mg\ (Gas) + O_2\ (Gas)$,

für 1600° einen Gleichgewichtspartialdruck des Sauerstoffs über Magnesiumoxyd, der mehr als eine Zehnerpotenz größer ist als der von sauerstoffgesättigtem Eisen. Hieraus folgt, daß Reinsteisenschmelzen im Magnesiumoxydtiegel auch im Hochvakuum Sauerstoff bis zur Sättigung, bei 1600° mithin 0,23 %, aufnehmen müssen. Zu einem ähnlichen Ergebnis gelangt J. CHIPMAN [31] auf Grund einer anderen Berechnungsweise. Bei einem Magnesiumdampfdruck von 10^{-3} Torr erhält er bei 1600° einen Sauerstoffgehalt im Eisen von 0,11 %.

Entsprechende Rechnungen für den Kalk liefern bei 1600° nach der Rechnungsweise von P. HERASYMENKO einen Sauerstoffgehalt im Eisen von 0,16 %, also etwas unterhalb der Löslichkeitsgrenze des Sauerstoffs und entsprechend der Ableitung von J. CHIPMAN bei einem Kalziumpartialdruck von 10^{-3} Torr 0,004 % in der Eisenschmelze. Für das Erschmelzen von Reinsteisen sollte somit aus thermodynamischen Gründen ein Kalktiegel besser geeignet sein als ein Magnesiumoxydtiegel.

Für das Verhalten von Reinsteisenschmelzen in Aluminiumoxyd- und Zirkonoxydtiegeln sind die entsprechenden Desoxydationsreaktionen maßgebend. Im Aluminiumoxydtiegel ergibt sich für die Gleichgewichtskonstante der Reaktion

(14) $\quad Al_2O_3 (fest) = 2\, [Al] + 3\, [O]$

nach N.A. GOKCEN und J. CHIPMAN [32]

(15) $\quad K_{1600°} = a^2_{[Al]} \cdot a^3_{[O]} = 2 \cdot 10^{-14}$

und nach Berechnungen von J.D. FAST [3]

(16) $\quad K'_{1600°} = [\% Al]^2 \cdot [\% O]^3 = 1 \cdot 10^{-13}$

Von D.F. GIBBONS [33] wurde experimentell für $K_{1600^°}$ ein Wert von 10^{-12} bei Reinsteisenschmelzen von J.D. FAST [3] ermittelt.

Für die Desoxydationsreaktionen im Zirkonoxydtiegel nach

(17) $$ZrO_2(fest) = [Zr] + 2\,[O]$$

wird von J. CHIPMAN [34] auf Grund thermodynamischer Berechnungen die Gleichgewichtskonstante

(18) $$K = [\% \,Zr] \cdot [\% \,O]^2$$

zu

(19) $$\log K = -\frac{41340}{T} + 12,07$$

angegeben. Daraus ergibt sich für 1600° ein K-Wert in der Größenordnung von 10^{-10}. Experimentelle Bestimmungen dieses K-Wertes liegen im Schrifttum nicht vor. Für Sauerstoffgehalte von 0,001 %, die beim Vakuumschmelzen als unterste Gehalte erreicht werden, ergeben sich somit im Zirkonoxydtiegel Gleichgewichtsgehalte von Zirkon in Eisenschmelzen in der Größenordnung von 10^{-4} %. Mit ansteigenden Sauerstoffgehalten nimmt dieser Zirkongehalt sehr schnell ab. Die Zirkongehalte liegen somit unterhalb der spektralanalytischen Nachweisbarkeitsgrenze von 0,0001 % Zr.

Entsprechend den Gleichgewichtsbetrachtungen nimmt bei Vakuumschmelzen von Reinsteisen im Magnesiumoxydtiegel der Sauerstoffgehalt in der Schmelze mit der Versuchszeit laufend zu. Nach etwa 7-stündiger Schmelzzeit wurden 0,025 % O ermittelt. Die Sauerstoffaufnahme aus dem Tiegel erfolgt verhältnismäßig langsam (Tab. 4, Schmelze V 334). Dies steht in Übereinstimmung mit der Beobachtung von W.A. FISCHER, H. TREPPSCHUH und K.H. KÖTHEMANN [5], die beim Schmelzen von 25 kg Reinsteisen nach 2 Std. noch keine Zunahme des Sauerstoffgehaltes unter sonst gleichen Bedingungen feststellten.

Im Kalktiegel nimmt während einer etwa 6-stündigen Schmelzzeit bei 10^{-4} Torr der Sauerstoffgehalt von 0,006 % auf 0,001 % ab (Tab. 8, Schmelze V 345).

Im Dolomittiegel nimmt der Sauerstoffgehalt in der Reinsteisenschmelze nach einer Schmelzzeit von 5 h 40 min. von 0,002 % auf 0,007 % zu (Tab. 9, Schmelze 327). Der Endsauerstoffgehalt der Eisenschmelze im Dolomittiegel liegt - wie zu erwarten - zwischen dem im Kalk- bzw. Magnesiumoxydtiegel.

Aus dem Sauerstoff- und Aluminiumgehalt von Reinsteisenschmelzen im Aluminiumoxydtiegel nach etwa 7-stündiger Schmelzzeit ergibt sich eine Gleichgewichtskonstante $K'_{Al_2O_3} = [\% Al]^2 \cdot [\% O]^3$ von $1.6 \cdot 10^{-12}$ und für $K_{Al_2O_3} = a^2_{[Al]} \cdot a^3_{[O]}$ von $5 \cdot 10^{-14}$ (Tab. 5, Schmelze V 300). Diese Werte sind in befriedigender Übereinstimmung mit den oben angegebenen Werten.

Bei den Versuchen im stabilisierten Zirkonoxyd- und Kalziumzirkonattiegel ergeben sich nach etwa 7-stündiger Schmelzzeit von Reinsteisen im Hochvakuum Endgehalte an Sauerstoff von 0,002 bis 0,001 %, wobei die Zirkongehalte immer kleiner als 0,0001 % waren (Tab. 6, Schmelze V 331 und Tab. 7, Schmelze V 342). Für $K_{ZrO_2} = [\% Zr] \cdot [\% O]^2$ ergeben sich hieraus Werte von < 1 bis $4 \cdot 10^{-10}$.

IV. Zusammenfassung

Das Verhalten der Begleitelemente Stickstoff, Wasserstoff, Phosphor, Arsen, Schwefel, Sauerstoff, Mangan, Silizium, Kupfer, Magnesium, Kalzium, Zirkon und Aluminium beim Schmelzen von Eisen mit 0,001 bis 3,5 % C wurde in Abhängigkeit von der Schmelzzeit im Hochvakuum untersucht. Bei Einsatzgewichten von 4 bis 5 kg betrugen die Schmelzzeiten in der Regel 6 bis 7 Stunden, in einzelnen Fällen jedoch 20 bis 30 Stunden. An Tiegelbaustoffen wurden Elektromagnesia, Elektrokorund, stabilisiertes Zirkonoxyd, Kalziumzirkonat, Kalk und Dolomit verwendet.

Während der Versuche verdampfte Eisen, das sich sowohl am oberen Tiegelrand als auch an den Kesselwandungen niederschlug. Diese Niederschläge wurden chemisch und metallographisch untersucht.

Kohlenstoffgehalte ab etwa 0,1 % in Eisen bewirkten bereits nach kurzer Schmelzzeit im Hochvakuum eine Erniedrigung der Sauerstoffgehalte auf 0,001 bis 0,003 %. Unabhängig vom Kohlenstoffgehalt im Eisen ergab das Vakuumschmelzen sehr niedrige Endgehalte an Stickstoff ($\leq 0,001$ %),

Mangan ($\leq$ 0,001 %), Arsen (0,001 % bis 0,004 %), Wasserstoff (0,3 bis 4,8 Ncm^3/100 g), Schwefel (0,001 bis 0,009 %), Kalzium und Magnesium ($\leq$ 0,001 %). Bei Sauerstoffgehalten von etwa 0,2 % in der Eisenschmelze waren die Endstickstoffgehalte bei gleicher Schmelzzeit jedoch deutlich höher. Die Entschwefelungsgeschwindigkeit nimmt mit steigenden Kohlenstoffgehalten der Schmelzen zu. Im allgemeinen nehmen die Kupfergehalte in der Schmelze ab. Das Verhalten des Phosphors im Eisen konnte noch nicht restlos geklärt werden.

Die beobachteten Abnahmen der Begleitelemente im Eisen erfolgten überwiegend durch Verdampfen. Im Dolomittiegel läuft jedoch noch eine zusätzliche Entschwefelung über eine Reaktion der Eisenschmelze mit dem Tiegel ab.

Eisenschmelzen mit Kohlenstoffgehalten von etwa 0,1 bis 3,5 % nehmen durch Reaktion mit dem Tiegel Aluminium und Zirkon auf. Außerdem erfolgte eine Zunahme des Siliziumgehaltes in diesen Schmelzen durch eine Reduktion der Kieselsäureverunreinigungen in den Tiegelbaustoffen.

Bei Eisenschmelzen mit etwa 0,2 % O nahm im Tiegel aus Elektromagnesia, Elektrokorund und stabilisiertem Zirkonoxyd der Sauerstoffgehalt im allgemeinen ab. Bei Reinsteisenschmelzen nahm der Sauerstoffgehalt im Magnesiumoxyd- und Dolomittiegel zu, im Kalktiegel dagegen ab. Im Aluminiumoxydtiegel und in den Zirkonoxydhaltigen Tiegeln werden die bekannten Desoxydationskonstanten $K_{Al_2O_3}$ bzw. K_{ZrO_2} eingestellt.

Für die Bereitstellung der Mittel zur Durchführung dieser Arbeit danken wir dem Wirtschafts- und Verkehrsministerium des Landes Nordrhein-Westfalen.

Dr.-Ing. Wilhelm Anton FISCHER, Düsseldorf

Dr. rer. nat. Alfred HOFFMANN , Düsseldorf

V. Literaturverzeichnis

[1] TIX, A.   Stahl u. Eisen 76 (1956) S. 61/68

[2] HARDERS, F., H. KNÜPPEL und K. BROTZMANN   Stahl u. Eisen 76 (1956) S. 1721/28

[3] FAST, J.D.   Stahl u. Eisen 73 (1953) S. 1484/96 und 1614

FAST, J.D., A.I. LUTEIJN und E. OVERBOSCH   Philip. techn. Rdsch. 15 (1953) S. 81/89

[4] WEVER, F., W.A. FISCHER und H. ENGELBRECHT   Stahl u. Eisen 74 (1954) S. 1515/21

[5] FISCHER, W.A., H. TREPPSCHUH und K.H. KÖTHEMANN   Arch. Eisenhüttenw. 27 (1956) S. 567/72

[6] MOORE, J.H.   Metal Progr. 64 (1953) Nr. 10, S. 103/05

[7] KÖTHEMANN, K.H., H. TREPPSCHUH und W.A. FISCHER   Arch. Eisenhüttenw. 27 (1956) S. 563/66

[8] CHIPMAN, J.   Physical Chemistry of liquid steel. In: Basic open hearth steelmaking, 2.ed. Ed. by W.O. Philbrook and M.B. Bever, Publ. by the American Institute of Mining and Metallurgical Engineers. New York 1951. S. 621/90; s. bes. S. 638

[9] WINKER, O.   Stahl u. Eisen 73 (1953) S. 1261/68

[10] BUNGARDT, K. und H. SYCHROWSKY   Stahl u. Eisen 76 (1956) S. 1040/49

[11] ZAKOWA, H.   Prace IMH 8 (1956) S. 207/14 nach H. Brutcher Translation Nr. 3890, Altadena, Calif. - USA., 1957

[12] SIEVERTS, A.   Z. phys. Chem. 77 (1911) S. 591/613

[13] SIEVERTS, A., G. ZAPF und H. MORITZ   Z. phys. Chem., Abt. A, 183 (1938) S. 19/37

[14] D'ANS, J. und E. LAX   Taschenbuch für Chemiker und Physiker. Berlin-Göttingen-Heidelberg, 1949

[15] KELLEY, K.K.   Contribution to the data of theoretical metallurgy.
III. The free energies of vaporization and vapor pressures of inorganic substances.
U.S. Department of the Interior, Bureau of Mines, Bull. 383, 1935

[16] HÖRBE, R. und O. KNACKE   Z. Erzbergbau u. Metallhüttenw. 8 (1955) S. 556/61

[17] GRANOWSKAJA, A.A. und A.P. LJUBIMOV   J. physik. Chem. UdSSR 27 (1953) S. 1443/45, nach Chem. Zentralbl. 127 (1956) S. 14263
(Die Partialdampfdruckwerte sind in dem Referat nicht angegeben)

[18] BOOKEY, J.B., F.D. RICHARDSON und A.J.E. WELCH   J. Iron Steel Inst. 171 (1952) S. 404/12;

PEARSON, J. und E.T. TURKDOGAN   J. Iron Steel Inst. 176 (1954) S. 19/23

[19] URBAIN, G.   C.R.hebd.Séances Acad.Sci. 244 (1957) S. 1036/39

[20] CORDIER, J.A. und J. CHIPMAN — J. Metals 7 (1955) S. 905/07; siehe auch:

SHERMAN, C.W., H.J. ELVANDER und J. CHIPMAN — Trans.Amer.Inst.Min.Metallurg.Eng. 188 (1950) S. 334/40

[21] FINCHEM, C.J.B. und R.A. BERGMANN — J. Metals 9 (1957) S. 690/94

[22] CHIPMAN, J. und TA LI — Trans.Amer.Soc.Metals 25 (1937) S. 435/65

[23] ERNE, H.G. — Roll-Mitt. 11 (1952) S. 1/71

[24] MARSHALL, S. und J. CHIPMAN — Trans.Amer.Soc.Metals 30 (1942) S. 695

[25] DASTUR, M.N. und J. CHIPMAN — J. Metals 1 (1949) S. 441/45

[26] MORRIS, J.P. und G.R. ZELLAS — J. Metals, Trans., 8 (1956) S. 1086/90

[27] FISCHER, W.A. und A. HOFFMANN — Arch. Eisenhüttenw. 28 (1957) S. 739/43 und 771/76

[28] BOVEN, N.L. und J.F. SCHAIRER — Am.J.Sci., 5. Ser., 29 (1935) S. 153

[29] FISCHER, W.A. und A. HOFFMANN — Arch. Eisenhüttenw. 27 (1956) S. 343/46

[30] Erörterungsbeitrag zu RICHARDSON, F.D. und J.H.E. JEFFES — J.Iron Steel Inst. 160 (1948) S. 261/70; 161 (1949) S. 229; 163 (1949) S. 148/49

[31] CHIPMAN, J. — s. bes. S. 676 von [8]

[32] GOKCEN, N.A. u.J. CHIPMAN — J. Metals 5 (1953) S. 173/78

[33] GIBBONS, D.F. — J. Metals, Trans. 197 (1953) S. 1245/50;

s. auch:
Erörterungsbeitrag von
FAST, J.D. zu J.D. FAST   Stahl u. Eisen 73 (1953) S. 1484/96
                            und 1614, s. bes. S. 1495

[34] CHIPMAN, J.   s. bes. S. 671 von [8]

FORSCHUNGSBERICHTE
DES WIRTSCHAFTS- UND VERKEHRSMINISTERIUMS
NORDRHEIN-WESTFALEN

Herausgegeben von Staatssekretär Prof. Dr. h. c. Leo Brandt

HEFT 1
Prof. Dr.-Ing. E. Flegler, Aachen
Untersuchungen oxydischer Ferromagnet-Werkstoffe
1952, 20 Seiten, DM 6,75

HEFT 2
Prof. Dr. W. Fuchs, Aachen
Untersuchungen über absatzfreie Teeröle
1952, 32 Seiten, 5 Abb., 6 Tabellen, DM 10,—

HEFT 3
Techn.-Wissenschaftl. Büro für die Bastfaserindustrie, Bielefeld
Untersuchungsarbeiten zur Verbesserung des Leinenwebstuhls
1952, 44 Seiten, 7 Abb., 3 Tabellen, DM 12,50

HEFT 4
Prof. Dr. E. A. Müller und Dipl.-Ing. H. Spitzer, Dortmund
Untersuchungen über die Hitzebelastung in Hüttenbetrieben
1952, 28 Seiten, 5 Abb., 1 Tabelle, DM 9,—

HEFT 5
Dipl.-Ing. W. Fister, Aachen
Prüfstand der Turbinenuntersuchungen
1952, 40 Seiten, 30 Abb., 3 Schaltbilder, DM 1,—

HEFT 6
Prof. Dr. W. Fuchs, Aachen
Untersuchungen über die Zusammensetzung und Verwendbarkeit von Schwelteerfraktionen
1952, 36 Seiten, DM 10,50

HEFT 7
Prof. Dr. W. Fuchs, Aachen
Untersuchungen über emsländisches Petrolatum
1952, 36 Seiten, 1 Abb., 17 Tabellen, DM 10,50

HEFT 8
M. E. Meffert und H. Stratmann, Essen
Algen-Großkulturen im Sommer 1951
1953, 52 Seiten, 4 Abb., 20 Tabellen, DM 9,75

HEFT 9
Techn.-Wissenschaftl. Büro für die Bastfaserindustrie, Bielefeld
Untersuchungen über die zweckmäßige Wicklungsart von Leinengarnkreuzspulen unter Berücksichtigung der Anwendung hoher Geschwindigkeiten des Garnes
Vorversuche für Zetteln und Schären von Leinengarnen auf Hochleistungsmaschinen
1952, 48 Seiten, 7 Abb., 7 Tabellen, DM 9,25

HEFT 10
Prof. Dr. W. Vogel, Köln
„Das Streifenpaar" als neues System zur mechanischen Vergrößerung kleiner Verschiebungen und seine technischen Anwendungsmöglichkeiten
1953, 20 Seiten, 6 Abb., DM 4,50

HEFT 11
Laboratorium für Werkzeugmaschinen und Betriebslehre, Technische Hochschule Aachen
1. Untersuchungen über Metallbearbeitung im Fräsvorgang mit Hartmetallwerkzeugen und negativem Spanwinkel
2. Weiterentwicklung des Schleifverfahrens für die Herstellung von Präzisionswerkstücken unter Vermeidung hoher Temperaturen
3. Untersuchung von Oberflächenveredlungsverfahren zur Steigerung der Belastbarkeit hochbeanspruchter Bauteile
1953, 80 Seiten, 61 Abb., DM 15,75

HEFT 12
Elektrowärme-Institut, Langenberg (Rhld.)
Induktive Erwärmung mit Netzfrequenz
1952, 22 Seiten, 6 Abb., DM 5,20

HEFT 13
Techn.-Wissenschaftl. Büro für die Bastfaserindustrie, Bielefeld
Das Naßspinnen von Bastfasergarnen mit chemischen Zusätzen zum Spinnbad
1953, 52 Seiten, 4 Abb., 19 Tabellen, DM 10,—

HEFT 14
Forschungsstelle für Acetylen, Dortmund
Untersuchungen über Aceton als Lösungsmittel für Acetylen
1952, 64 Seiten, 10 Abb., 26 Tabellen, DM 12,25

HEFT 15
Wäschereiforschung Krefeld
Trocknen von Wäschestoffen
1953, 48 Seiten, 14 Abb., 2 Tabellen, DM 9,—

HEFT 16
Max-Planck-Institut für Kohlenforschung, Mülheim a. d. Ruhr
Arbeiten des MPI für Kohlenforschung
1953, 104 Seiten, 9 Abb., DM 17,80

HEFT 17
Ingenieurbüro Herbert Stein, M.-Gladbach
Untersuchung der Verzugsvorgänge in den Streckwerken verschiedener Spinnereimaschinen. 1. Bericht: Vergleichende Prüfung mit verschiedenen Dickenmeßgeräten
1952, 36 Seiten, 15 Abb., DM 8,—

HEFT 18
Wäschereiforschung Krefeld
Grundlagen zur Erfassung der chemischen Schädigung beim Waschen
1953, 68 Seiten, 15 Abb., 15 Tabellen, DM 12,75

HEFT 19
Techn.-Wissenschaftl. Büro für die Bastfaserindustrie, Bielefeld
Die Auswirkung des Schlichtens von Leinengarnketten auf den Verarbeitungswirkungsgrad, sowie die Festigkeit und Dehnungsverhältnisse der Garne und Gewebe
1953, 48 Seiten, 1 Abb., 9 Tabellen, DM 9,—

HEFT 20
Techn.-Wissenschaftl. Büro für die Bastfaserindustrie, Bielefeld
Trocknung von Leinengarnen I
Vorgang und Einwirkung auf die Garnqualität
1953, 62 Seiten, 18 Abb., 5 Tabellen, DM 12,—

HEFT 21
Techn.-Wissenschaftl. Büro für die Bastfaserindustrie, Bielefeld
Trocknung von Leinengarnen II
Spulenanordnung und Luftführung beim Trocknen von Kreuzspulen
1953, 66 Seiten, 22 Abb., 9 Tabellen, DM 13,—

HEFT 22
Techn.-Wissenschaftl. Büro für die Bastfaserindustrie, Bielefeld
Die Reparaturanfälligkeit von Webstühlen
1953, 28 Seiten, 7 Abb., 5 Tabellen, DM 5,80

HEFT 23
Institut für Starkstromtechnik, Aachen
Rechnerische und experimentelle Untersuchungen zur Kenntnis der Metadyne als Umformer von konstanter Spannung auf konstanten Strom
1953, 52 Seiten, 20 Abb., 4 Tafeln, DM 9,75

HEFT 24
Institut für Starkstromtechnik, Aachen
Vergleich verschiedener Generator-Metadyne-Schaltungen in bezug auf statisches Verhalten
1952, 44 Seiten, 23 Abb., DM 8,50

HEFT 25
Gesellschaft für Kohlentechnik mbH., Dortmund-Eving
Struktur der Steinkohlen und Steinkohlen-Kokse
1953, 58 Seiten, DM 11,—

HEFT 26
Techn.-Wissenschaftl. Büro für die Bastfaserindustrie, Bielefeld
Vergleichende Untersuchungen zweier neuzeitlicher Ungleichmäßigkeitsprüfer für Bänder und Garne hinsichtlich ihrer Eignung für die Bastfaserspinnerei
1953, 64 Seiten, 30 Abb., DM 12,50

HEFT 27
Prof. Dr. E. Schratz, Münster
Untersuchungen zur Rentabilität des Arzneipflanzenanbaues Römische Kamille, Anthemis nobilis L.
1953, 16 Seiten, 1 Tabelle, DM 3,60

HEFT 28
Prof. Dr. E. Schratz, Münster
Calendula officinalis L. Studien zur Ernährung, Blütenfüllung und Rentabilität der Drogengewinnung
1953, 24 Seiten, 2 Abb., 3 Tabellen, DM 5,20

HEFT 29
Techn.-Wissenschaftl. Büro für die Bastfaserindustrie, Bielefeld
Die Ausnützung der Leinengarne in Geweben
1953, 100 Seiten, 14 Abb., 10 Tabellen, DM 17,80

HEFT 30
Gesellschaft für Kohlentechnik mbH., Dortmund-Eving
Kombinierte Entaschung und Verschwelung von Steinkohle; Aufarbeitung von Steinkohlenschlämmen zu verkokbarer oder verschwelbarer Kohle
1953, 56 Seiten, 16 Abb., 10 Tabellen, DM 10,50

HEFT 31
Dipl.-Ing. A. Stormanns, Essen
Messung des Leistungsbedarfs von Doppelsteg-Kettenförderern
1954, 54 Seiten, 18 Abb., 3 Anlagen, DM 11,—

HEFT 32
Techn.-Wissenschaftl. Büro für die Bastfaserindustrie, Bielefeld
Der Einfluß der Natriumchloridbleiche auf Qualität und Verwebbarkeit von Leinengarnen und die Eigenschaften der Leinengewebe unter besonderer Berücksichtigung des Einsatzes von Schützen- und Spulenwechselautomaten in der Leinenweberei
1953, 64 Seiten, 2 Abb., 12 Tabellen, DM 11,50

HEFT 33
Kohlenstoffbiologische Forschungsstation e. V.
Eine Methode zur Bestimmung von Schwefeldioxyd und Schwefelwasserstoff in Rauchgasen und in der Atmosphäre
1953, 32 Seiten, 8 Abb., 3 Tabellen, DM 6,50

HEFT 34
Textilforschungsanstalt Krefeld
Quellungs- und Entquellungsvorgänge bei Faserstoffen
1953, 52 Seiten, 13 Abb., 13 Tabellen, DM 9,80

WESTDEUTSCHER VERLAG · KÖLN UND OPLADEN

HEFT 35
Professor Dr. W. Kast, Krefeld
Feinstrukturuntersuchungen an künstlichen Zellulosefasern verschiedener Herstellungsverfahren. Teil I: Der Orientierungszustand
1953, 74 Seiten, 30 Abb., 7 Tabellen, DM 13,80

HEFT 36
Forschungsinstitut der feuerfesten Industrie, Bonn
Untersuchungen über die Trocknung von Rohton
Untersuchungen über die chemische Reinigung von Silika- und Schamotte-Rohstoffen mit chlorhaltigen Gasen
1953, 60 Seiten, 5 Abb., 5 Tabellen, DM 11,—

HEFT 37
Forschungsinstitut der feuerfesten Industrie, Bonn
Untersuchungen über den Einfluß der Probenvorbereitung auf die Kaltdruckfestigkeit feuerfester Steine
1953, 40 Seiten, 2 Abb., 5 Tabellen, DM 7,80

HEFT 38
Forschungsstelle für Acetylen, Dortmund
Untersuchungen über die Trocknung von Acetylen zur Herstellung von Dissousgas
1953, 36 Seiten, 11 Abb., 3 Tabellen, DM 6,80

HEFT 39
Forschungsgesellschaft Blechverarbeitung e. V., Düsseldorf
Untersuchungen an prägegemusterten und vorgelochten Blechen
1953, 46 Seiten, 34 Abb., DM 9,50

HEFT 40
Landesgeologe Dr.-Ing. W. Wolff, Amt für Bodenforschung, Krefeld
Untersuchungen über die Anwendbarkeit geophysikalischer Verfahren zur Untersuchung von Spateisengängen im Siegerland
1953, 46 Seiten, 8 Abb., DM 8,80

HEFT 41
Techn.-Wissenschaftl. Büro für die Bastfaserindustrie, Bielefeld
Untersuchungsarbeiten zur Verbesserung des Leinenwebstuhles II
1953, 40 Seiten, 4 Abb., 5 Tabellen, DM 7,80

HEFT 42
Professor Dr. B. Helferich, Bonn
Untersuchungen über Wirkstoffe — Fermente — in der Kartoffel und die Möglichkeit ihrer Verwendung
1953, 58 Seiten, 9 Abb., DM 11,—

HEFT 43
Forschungsgesellschaft Blechverarbeitung e. V., Düsseldorf
Forschungsergebnisse über das Beizen von Blechen
1953, 48 Seiten, 38 Abb., 2 Tabellen, DM 11,30

HEFT 44
Arbeitsgemeinschaft für praktische Dehnungsmessung, Düsseldorf
Eigenschaften und Anwendungen von Dehnungsmeßstreifen
1953, 68 Seiten, 43 Abb., 2 Tabellen, DM 13,70

HEFT 45
Losenhausenwerk Düsseldorfer Maschinenbau AG., Düsseldorf
Untersuchungen von störenden Einflüssen auf die Lastgrenzenanzeige von Dauerschwingprüfmaschinen
1953, 36 Seiten, 11 Abb., 3 Tabellen, DM 7,25

HEFT 46
Prof. Dr. W. Fuchs, Aachen
Untersuchungen über die Aufbereitung von Wasser für die Dampferzeugung in Benson-Kesseln
1953, 58 Seiten, 18 Abb., 9 Tabellen, DM 11,20

HEFT 47
Prof. Dr.-Ing. K. Krekeler, Aachen
Versuche über die Anwendung der induktiven Erwärmung zum Sintern von hochschmelzenden Metallen sowie zur Anlegierung und Vergütung von aufgespritzten Metallschichten mit dem Grundwerkstoff
1954, 66 Seiten, 39 Abb., DM 13,90

HEFT 48
Max-Planck-Institut für Eisenforschung, Düsseldorf
Spektrochemische Analyse der Gefügebestandteile in Stählen nach ihrer Isolierung
1953, 38 Seiten, 8 Abb., 5 Tabellen, DM 7,80

HEFT 49
Max-Planck-Institut für Eisenforschung, Düsseldorf
Über den Ablauf der Desoxydation und die Bildung von Einschlüssen in Stählen
1953, 52 Seiten, 19 Abb., 3 Tabellen, DM 12,40

HEFT 50
Max-Planck-Institut für Eisenforschung, Düsseldorf
Flammenspektralanalytische Untersuchung der Ferritzusammensetzung in Stählen
1953, 44 Seiten, 15 Abb., 4 Tabellen, DM 8,60

HEFT 51
Verein zur Förderung von Forschungs- und Entwicklungsarbeiten in der Werkzeugindustrie e. V., Remscheid
Untersuchungen an Kreissägeblättern für Holz, Fehler- und Spannungsprüfverfahren
1953, 50 Seiten, 23 Abb., DM 10,—

HEFT 52
Forschungsstelle für Acetylen, Dortmund
Untersuchungen über den Umsatz bei der explosiblen Zersetzung von Azetylen
a) Zersetzung von gasförmigem Azetylen
b) Zersetzung von an Silikagel absorbiertem Azetylen
1954, 48 Seiten, 8 Abb., 10 Tabellen, DM 9,25

HEFT 53
Professor Dr.-Ing. H. Opitz, Aachen
Reibwert und Verschleißmessungen an Kunststoffgleitführungen für Werkzeugmaschinen
1954, 38 Seiten, 18 Abb., DM 8,20

HEFT 54
Professor Dr.-Ing. F. A. F. Schmidt, Aachen
Schaffung von Grundlagen für die Erhöhung der spez. Leistung und Herabsetzung des spez. Brennstoffverbrauches bei Ottomotoren mit Teilbericht über Arbeiten an einem neuen Einspritzverfahren
1954, 34 Seiten, 15 Abb., DM 7,40

HEFT 55
Forschungsgesellschaft Blechverarbeitung e. V., Düsseldorf
Chemisches Glänzen von Messing und Neusilber
1954, 50 Seiten, 21 Abb., 1 Tabelle, DM 10,20

HEFT 56
Forschungsgesellschaft Blechverarbeitung e. V., Düsseldorf
Untersuchungen über einige Probleme der Behandlung von Blechoberflächen
1954, 52 Seiten, 42 Abb., DM 11,20

HEFT 57
Prof. Dr.-Ing. F. A. F. Schmidt, Aachen
Untersuchungen zur Erforschung des Einflusses des chemischen Aufbaues des Kraftstoffes auf sein Verhalten im Motor und in Brennkammern von Gasturbinen
1954, 70 Seiten, 32 Abb., DM 14,60

HEFT 58
Gesellschaft für Kohlentechnik mbH., Dortmund
Herstellung und Untersuchung von Steinkohlenschwelteer
1954, 74 Seiten, 9 Abb., 9 Tabellen, DM 13,75

HEFT 59
Forschungsinstitut der Feuerfest-Industrie e. V., Bonn
Ein Schnellanalysenverfahren zur Bestimmung von Aluminiumoxyd, Eisenoxyd und Titanoxyd in feuerfestem Material mittels organischer Farbreagenzien auf photometrischem Wege
Untersuchungen des Alkali-Gehaltes feuerfester Stoffe mit dem Flammenphotometer nach Riehm-Lange
1954, 62 Seiten, 12 Abb., 3 Tabellen, DM 11,60

HEFT 60
Forschungsgesellschaft Blechverarbeitung e. V., Düsseldorf
Untersuchungen über das Spritzlackieren im elektrostatischen Hochspannungsfeld
1954, 82 Seiten, 53 Abb., 7 Tabellen, DM 17,—

HEFT 61
Verein zur Förderung von Forschungs- und Entwicklungsarbeiten in der Werkzeugindustrie e. V., Remscheid
Schwingungs- und Arbeitsverhalten von Kreissägeblättern für Holz
1954, 54 Seiten, 31 Abb., DM 11,40

HEFT 62
Professor Dr. W. Franz, Institut für theoretische Physik der Universität Münster
Berechnung des elektrischen Durchschlags durch feste und flüssige Isolatoren
1954, 36 Seiten, DM 7,—

HEFT 63
Textilforschungsanstalt Krefeld
Neue Methoden zur Untersuchung der Wirkungsweise von Textilhilfsmitteln
Untersuchungen über Schlichtungs- und Entschlichtungsvorgänge
1954, 34 Seiten, 1 Abb., 5 Tabellen, DM 6,80

HEFT 64
Textilforschungsanstalt Krefeld
Die Kettenlängenverteilung von hochpolymeren Faserstoffen
Über die fraktionierte Fällung von Polyamiden
1954, 44 Seiten, 13 Abb., DM 8,60

HEFT 65
Fachverband Schneidwarenindustrie, Solingen
Untersuchungen über das elektrolytische Polieren von Tafelmesserklingen aus rostfreiem Stahl
1954, 90 Seiten, 38 Abb., 9 Tabellen, DM 17,35

HEFT 66
Dr.-Ing. P. Füsgen VDI †, Düsseldorf
Untersuchungen über das Auftreten des Ratterns bei selbsthemmenden Schneckengetrieben und seine Verhütung
1954, 32 Seiten, 5 Abb., DM 6,60

HEFT 67
Heinrich Wösthoff o. H. G., Apparatebau, Bochum
Entwicklung einer chemisch-physikalischen Apparatur zur Bestimmung kleinster Kohlenoxyd-Konzentrationen
1954, 94 Seiten, 48 Abb., 2 Tabellen, DM 18,25

HEFT 68
Kohlenstoffbiologische Forschungsstation e. V., Essen
Algengroßkulturen im Sommer 1952
II. Über die unsterile Großkultur von Scenedesmus obliquus
1954, 62 Seiten, 3 Abb., 29 Tabellen, DM 11,40

HEFT 69
Wäschereiforschung Krefeld
Bestimmung des Faserabbaues bei Leinen unter besonderer Berücksichtigung der Leinengarnbleiche
1954, 48 Seiten, 15 Abb., 3 Tabellen, DM 9,60

HEFT 70
Wäschereiforschung Krefeld
Trocknen von Wäschestoffen
1954, 52 Seiten, 18 Abb., 3 Tabellen, DM 10,—

HEFT 71
Prof. Dr.-Ing. K. Leist, Aachen
Kleingasturbinen, insbesondere zum Fahrzeugantrieb
1954, 114 Seiten, 85 Abb., DM 22,—

HEFT 72
Prof. Dr.-Ing. K. Leist, Aachen
Beitrag zur Untersuchung von stehenden geraden Turbinengittern mit Hilfe von Druckverteilungsmessungen
1954, 152 Seiten, 111 Abb., DM 36,20

HEFT 73
Prof. Dr.-Ing. K. Leist, Aachen
Spannungsoptische Untersuchungen von Turbinenschaufelfüßen
1954, 66 Seiten, 46 Abb., 2 Tabellen, DM 14,60

HEFT 74
Max-Planck-Institut für Eisenforschung, Düsseldorf
Versuche zur Klärung des Umwandlungsverhaltens eines sonderkarbidbildenden Chromstahls
1954, 58 Seiten, 10 Abb., DM 14,—

HEFT 75
Max-Planck-Institut für Eisenforschung, Düsseldorf
Zeit-Temperatur-Umwandlungs-Schaubilder als Grundlage der Wärmebehandlung der Stähle
1954, 44 Seiten, 13 Abb., DM 8,70

HEFT 76
Max-Planck-Institut für Arbeitsphysiologie, Dortmund
Arbeitstechnische und arbeitsphysiologische Rationalisierung von Mauersteinen
1954, 52 Seiten, 12 Abb., 3 Tabellen, DM 10,20

HEFT 77
Meteor Apparatebau Paul Schmeck GmbH., Siegen
Entwicklung von Leuchtstoffröhren hoher Leistung
1954, 46 Seiten, 12 Abb., 2 Tabellen, DM 9,15

HEFT 78
Forschungsstelle für Acetylen, Dortmund
Über die Zustandsgleichung des gasförmigen Acetylens und das Gleichgewicht Acetylen — Aceton
1954, 42 Seiten, 3 Abb., 8 Tabellen, DM 8,—

HEFT 79
Techn.-Wissenschaftl. Büro für die Bastfaserindustrie, Bielefeld
Trocknung von Leinengarnen III
Spinnspulen- und Spinnkopstrocknung
Vorgang und Einwirkung auf die Garnqualität
1954, 74 Seiten, 18 Abb., 10 Tabellen, DM 14,—

WESTDEUTSCHER VERLAG · KÖLN UND OPLADEN

HEFT 80
Techn.-Wissenschaftl. Büro für die Bastfaserindustrie, Bielefeld
Die Verarbeitung von Leinengarn auf Webstühlen mit und ohne Oberbau
1954, 30 Seiten, 2 Abb., 2 Tabellen, DM 6,—

HEFT 81
Prüf- und Forschungsinstitut für Ziegeleierzeugnisse, Essen-Kray
Die Einführung des großformatigen Einheits-Gitterziegels im Lande Nordrhein-Westfalen
1954, 54 Seiten, 2 Abb., 2 Tabellen, DM 10,—

HEFT 82
Vereinigte Aluminium-Werke AG., Bonn
Forschungsarbeiten auf dem Gebiet der Veredelung von Aluminium-Oberflächen
1954, 46 Seiten, 34 Abb., DM 9,60

HEFT 83
Prof. Dr. S. Strugger, Münster
Über die Struktur der Proplastiden
1954, 30 Seiten, 15 Abb., DM 8,40

HEFT 84
Dr. H. Baron, Düsseldorf
Über Standardisierung von Wundtextilien
1954, 32 Seiten, DM 6,40

HEFT 85
Textilforschungsanstalt Krefeld
Physikalische Untersuchungen an Fasern, Fäden, Garnen und Geweben:
Untersuchungen am Knickscheuergerät nach Weltzien
1954, 40 Seiten, 11 Abb., 8 Tabellen, DM 10,—

HEFT 86
Prof. Dr.-Ing. H. Opitz, Aachen
Untersuchungen über das Fräsen von Baustahl sowie über den Einfluß des Gefüges auf die Zerspanbarkeit
1954, 108 Seiten, 73 Abb., 7 Tabellen, DM 22,—

HEFT 87
Gemeinschaftsausschuß Verzinken, Düsseldorf
Untersuchungen über Güte von Verzinkungen
1954, 68 Seiten, 56 Abb., 3 Tabellen, DM 15,30

HEFT 88
Gesellschaft für Kohlentechnik mbH., Dortmund-Eving
Oxydation von Steinkohle mit Salpetersäure
1954, 62 Seiten, 2 Abb., 1 Tabelle, DM 11,50

HEFT 89
Verein Deutscher Ingenieure, Gleitlagerforschung, Düsseldorf und Prof. Dr.-Ing. G. Vogelpohl, Göttingen
Versuche mit Preßstoff-Lagern für Walzwerke
1954, 70 Seiten, 34 Abb., DM 14,10

HEFT 90
Forschungs-Institut der Feuerfest-Industrie, Bonn
Das Verhalten von Silikasteinen im Siemens-Martin-Ofengewölbe
1954, 62 Seiten, 15 Abb., 11 Tabellen, DM 11,90

HEFT 91
Forschungs-Institut der Feuerfest-Industrie, Bonn
Untersuchung des Zusammenhangs zwischen Leistung und Kohlenverbrauch von Kammeröfen zum Brennen von feuerfesten Materialien
1954, 42 Seiten, 6 Abb., DM 8,30

HEFT 92
Techn.-Wissenschaftl. Büro für die Bastfaserindustrie, Bielefeld und Laboratorium für textile Meßtechnik, M.-Gladbach
Messungen von Vorgängen am Webstuhl
1954, 76 Seiten, 45 Abb., DM 15,50

HEFT 93
Prof. Dr. W. Kast, Krefeld
Spinnversuche zur Strukturerfassung künstlicher Zellulosefasern
1954, 82 Seiten, 39 Abb., 6 Tabellen, DM 16,—

HEFT 94
Prof. Dr. G. Winter, Bonn
Die Heilpflanzen des MATTHIOLUS (1611) gegen Infektionen der Harnwege und Verunreinigung der Wunden bzw. zur Förderung der Wundheilung im Lichte der Antibiotikaforschung
1954, 58 Seiten, 1 Abb., 2 Tabellen, DM 11,50

HEFT 95
Prof. Dr. G. Winter, Bonn
Untersuchungen über die flüchtigen Antibiotika aus der Kapuziner- (Tropaeolum maius) und Gartenkresse (Lepidium sativum) und ihr Verhalten im menschlichen Körper bei Aufnahme von Kapuziner- bzw. Gartenkressensalat per os
1955, 74 Seiten, 9 Abb., 25 Tabellen, DM 14,—

HEFT 96
Dr.-Ing. P. Koch, Dortmund
Austritt von Exoelektronen aus Metalloberflächen unter Berücksichtigung der Verwendung des Effektes für die Materialprüfung
1954, 34 Seiten, 13 Abb., DM 7,—

HEFT 97
Ing. H. Stein, Laboratorium für textile Meßtechnik, M.-Gladbach
Untersuchung der Verzugsvorgänge an den Streckwerken verschiedener Spinnereimaschinen
2. Bericht: Ermittlung der Haft-Gleiteigenschaften von Faserbändern und Vorgarnen
1955, 98 Seiten, 54 Abb., DM 21,—

HEFT 98
Fachverband Gesenkschmieden, Hagen
Die Arbeitsgenauigkeit beim Gesenkschmieden unter Hämmern
1955, 132 Seiten, 55 Abb., 9 Tabellen, DM 24,75

HEFT 99
Prof. Dr.-Ing. G. Garbotz, Aachen
Der Kraft- und Arbeitsaufwand sowie die Leistungen beim Biegen von Bewehrungsstählen in Abhängigkeit von den Abmessungen, den Formen und der Güte der Stähle (Ermittlung von Leistungsrichtlinien)
1955, 136 Seiten, 53 Abb., 3 Anlagen, 18 Tabellen, DM 30,—

HEFT 100
Prof. Dr.-Ing. H. Opitz, Aachen
Untersuchungen von elektrischen Antrieben, Steuerungen und Regelungen an Werkzeugmaschinen
1955, 166 Seiten, 71 Abb., 3 Tabellen, DM 31,30

HEFT 101
Prof. Dr.-Ing. H. Opitz, Aachen
Wirtschaftlichkeitsbetrachtungen beim Außenrundschleifen
1955, 100 Seiten, 56 Abb., 3 Tabellen, DM 19,30

HEFT 102
Dr. P. Hölemann, Ing. R. Hasselmann und Ing. G. Dix, Dortmund
Untersuchungen über die thermische Zündung von explosiblen Acetylenzersetzungen in Kapillaren
1954, 44 Seiten, 5 Abb., 4 Tabellen, DM 8,60

HEFT 103
Prof. Dr. W. Weizel, Bonn
Durchführung von experimentellen Untersuchungen über den zeitlichen Ablauf von Funken in komprimierten Edelgasen sowie zu deren mathematischen Berechnung
1955, 46 Seiten, 12 Abb., DM 9,10

HEFT 104
Prof. Dr. W. Weizel, Bonn
Über den Einfluß der Elektroden auf die Eigenschaften von Cadmium-Sulfid-Widerstands-Photozellen
1955, 48 Seiten, 12 Abb., DM 9,45

HEFT 105
Dr.-Ing. R. Meldau, Harsewinkel/Westf.
Auswertung von Gekörn — Analysen des Musterstaubes „Flugasche Fortuna I"
1955, 42 Seiten, 14 Abb., DM 8,50

HEFT 106
O.RR. Dr.-Ing. W. Küch, Dortmund
Untersuchungen über die Einwirkung von feuchtigkeitsgesättigter Luft auf die Festigkeit von Leimverbindungen
1954, 60 Seiten, 10 Abb., 6 Tabellen, DM 11,40

HEFT 107
Prof. Dr. H. Lange und Dipl.-Phys. P. St. Pütter, Köln
Über die Konstruktion von Laboratoriumsmagneten
1955, 66 Seiten, 19 Abb., 1 Tabelle, DM 12,30

HEFT 108
Prof. Dr. W. Fuchs, Aachen
Untersuchungen über neue Beizmethoden und Beizabwässer
I. Die Entzunderung von Drähten mit Natriumhydrid
II. Die Aufbereitung von Beizabwässern
1955, 82 S., 15 Abb., 14 Tabellen, 1 Falttafel, DM 15,25

HEFT 109
Dr. P. Hölemann und Ing. R. Hasselmann, Dortmund
Untersuchungen über die Löslichkeit von Azetylen in verschiedenen organischen Lösungsmitteln
1954, 42 Seiten, 10 Abb., 8 Tabellen, DM 8,30

HEFT 110
Dr. P. Hölemann und Ing. R. Hasselmann, Dortmund
Untersuchungen über den Druckverlauf bei der explosiblen Zersetzung von gasförmigem Azetylen
1955, 54 Seiten, 10 Abb., 5 Tabellen, DM 11,—

HEFT 111
Fachverband Steinzeugindustrie, Köln
Die Entwicklung eines Gerätes zur Beschickung seitlicher Feuer von Steinzeug-Einzelkammeröfen mit festen Brennstoffen
1955, 46 Seiten, 16 Abb., DM 9,40

HEFT 112
Prof. Dr.-Ing. H. Opitz, Aachen
Verschleißmessungen beim Drehen mit aktivierten Hartmetallwerkzeugen
1954, 44 Seiten, 17 Abb., 6 Tabellen, DM 8,80

HEFT 113
Prof. Dr. O. Graf, Dortmund
Erforschung der geistigen Ermüdung und nervösen Belastung: Studien über die vegetative 24-Stunden-Rhythmik in Ruhe und unter Belastung
1955, 40 Seiten, 12 Abb., DM 8,20

HEFT 114
Prof. Dr. O. Graf, Dortmund
Studien über Fließarbeitsprobleme an einer praxisnahen Experimentieranlage
1954, 34 Seiten, 6 Abb., DM 7,—

HEFT 115
Prof. Dr. O. Graf, Dortmund
Studium über Arbeitspausen in Betrieben bei freier und zeitgebundener Arbeit (Fließarbeit) und ihre Auswirkung auf die Leistungsfähigkeit
1955, 50 Seiten, 13 Abb., 2 Tabellen, DM 9,80

HEFT 116
Prof. Dr.-Ing. E. Siebel und Dr.-Ing. H. Weiss, Stuttgart
Untersuchungen an einigen Problemen des Tiefziehens — I. Teil
1955, 74 Seiten, 50 Abb., 5 Tabellen, DM 14,50

HEFT 117
Dr.-Ing. H. Beißwänger, Stuttgart, und Dr.-Ing. S. Schwandt, Trier
Untersuchungen an einigen Problemen des Tiefziehens — II. Teil
1955, 92 Seiten, 34 Abb., 8 Tabellen, DM 17,70

HEFT 118
Prof. Dr. E. A. Müller und Dr. H. G. Wenzel, Dortmund
Neuartige Klima-Anlage zur Erzeugung ungleicher Luft- und Strahlungstemperaturen in einem Versuchsraum
1955, 68 Seiten, 10 z. T. mehrfarb. Abb., DM 14,—

HEFT 119
Dr.-Ing. O. Viertel, Krefeld
Wäscherei- und energietechnische Untersuchung einer Gemeinschafts-Waschanlage
1955, 50 Seiten, 18 Abb., DM 10,20

HEFT 120
Dipl.-Ing. A. Weisbecker, Lüdenscheid
Über Anfressung an Reinstaluminium-Schweißnähten bei der elektrolytischen Oxydation
Gebr. Hörstermann GmbH., Velbert
Entwicklung und Erprobung eines neuartigen Gummibandförderers
1955, 46 Seiten, 18 Abb., DM 9,70

HEFT 121
Dr. H. Krebs, Bonn
I. Die Struktur und die Eigenschaften der Halbmetalle
II. Die Bestimmung der Atomverteilung in amorphen Substanzen
III. Die chemische Bindung in anorganischen Festkörpern und das Entstehen metallischer Eigenschaften
1955, 124 Seiten, 36 Abb., 13 Tabellen, DM 22,90

HEFT 122
Prof. Dr. W. Fuchs, Aachen
Untersuchungen zur Verbesserung der Wasseraufbereitung und Wasseranalyse:
Über die Schnellbewertung von Ionenaustauscher
1955, 62 Seiten, 32 Abb., DM 12,30

HEFT 123
Dipl.-Ing. J. Emondts, Aachen
Über Bodenverformungen bei stark gestörtem und mächtigem, wasserführendem Deckgebirge im Aachener Steinkohlengebiet
1955, 196 Seiten, 37 Abb., 10 Tabellen, DM 28,80

HEFT 124
Prof. Dr. R. Seyffert, Köln
Wege und Kosten der Distribution der Hausratwaren im Lande Nordrhein-Westfalen
1955, 74 Seiten, 25 Tabellen, DM 9,—

WESTDEUTSCHER VERLAG · KÖLN UND OPLADEN

HEFT 125
Prof. Dr. E. Kappler, Münster
Eine neue Methode zur Bestimmung von Kondensations-Koeffizienten von Wasser
1955, 46 Seiten, 11 Abb., 1 Tabelle, DM 9,10

HEFT 126
Prof. Dr.-Ing. J. Mathieu, Aachen
Arbeitszeitvergleich
Grundlagen, Methodik und praktische Durchführung
1955, 70 Seiten, DM 13,—

HEFT 127
Güteschutz Betonstein e. V., Arbeitskreis Nordrhein-Westfalen, Dortmund
Die Betonwaren-Gütesicherung im Lande Nordrhein-Westfalen
1955, 58 Seiten, 15 Abb., 3 Tabellen, DM 11,50

HEFT 128
Prof. Dr. O. Schmitz-DuMont, Bonn
Untersuchungen über Reaktionen in flüssigem Ammoniak
1955, 96 Seiten, 11 Abb., 6 Tabellen, DM 17,75

HEFT 129
Prof. Dr.-Ing. J. Mathieu und Dr. C. A. Roos, Aachen
Die Anlernung von Industriearbeitern
I. Ergebnisse einer grundsätzlichen Untersuchung der gegenwärtigen Industriearbeiter-Kurzanlernung
1955, 106 Seiten, DM 19,70

HEFT 130
Prof. Dr.-Ing. J. Mathieu und Dr. C. A. Roos, Aachen
Die Anlernung von Industriearbeitern
II. Beiträge zur Methodenfrage der Kurzanlernung
1955, 108 Seiten, DM 19,90

HEFT 131
Dr. W. Hoerburger, Köln
Versuche zur Biosynthese von Eiweiß aus Kohlenwasserstoff
1955, 34 Seiten, 2 Abb., DM 6,90

HEFT 132
Prof. Dr. W. Seith, Münster
Über Diffusionserscheinungen in festen Metallen
1955, 42 Seiten, 19 Abb., 4 Tabellen, DM 9,10

HEFT 133
Prof. Dr. E. Jenckel, Aachen
Über einen für Schwermetalle selektiven Ionenaustauscher
1955, 48 Seiten, 8 Abb., 13 Tabellen, DM 9,50

HEFT 134
Prof. Dr.-Ing. H. Winterhager, Aachen
Über die elektrochemischen Grundlagen der Schmelzfluß-Elektrolyse von Bleisulfid in geschmolzenen Mischungen mit Bleichlorid
1955, 54 Seiten, 20 Abb., 5 Tabellen, DM 11,80

HEFT 135
Prof. Dr.-Ing. K. Krekeler und Dr.-Ing. H. Peukert, Aachen
Die Änderung der mechanischen Eigenschaften thermoplastischer Kunststoffe durch Warmrecken
1955, 54 Seiten, 27 Abb., DM 11,10

HEFT 136
Dipl.-Phys. P. Pilz, Remscheid
Über spezielle Probleme der Zerkleinerungstechnik von Weichstoffen
1955, 58 Seiten, 19 Abb., 2 Tabellen, DM 11,50

HEFT 137
Prof. Dr. W. Baumeister, Münster
Beiträge zur Mineralstoffernährung der Pflanzen
1955, 64 Seiten, 6 Tabellen, DM 11,80

HEFT 138
Dr. P. Hölemann und Ing. R. Hasselmann, Dortmund
Untersuchungen über die Zersetzungswärme von gasförmigem und in Azeton gelöstem Azetylen
1955, 54 Seiten, 8 Abb., 7 Tabellen, DM 10,40

HEFT 139
Prof. Dr. W. Fuchs, Aachen
Studien über die thermische Zersetzung der Kohle und die Kohlendestillatprodukte
1955, 64 Seiten, 20 Abb., 22 Tabellen, DM 11,80

HEFT 140
Dr.-Ing. G. Hausberg, Essen
Modellversuche an Zyklonen
1955, 78 Seiten, 24 Abb., DM 15,70

HEFT 141
Dr. J. van Calker und Dr. R. Wienecke, Münster
Untersuchungen über den Einfluß dritter Analysenpartner auf die spektrochemische Analyse
1955, 42 Seiten, 15 Abb., DM 9,10

HEFT 142
Dipl.-Ing. G. M. F. Wiebel, Hannover, A. Konermann und A. Ottenheym, Sennelager
Entwicklung eines Kalksandleichtsteines
1955, 38 Seiten, 4 Abb., DM 8,—

HEFT 143
Prof. Dr. F. Wever, Dr. A. Rose und Dipl.-Ing. W. Straßburg, Düsseldorf
Härtbarkeit und Umwandlungsverhalten der Stähle
1955, 50 Seiten, 12 Abb., 3 Tabellen, DM 10,70

HEFT 144
Prof. Dr. H. Wurmbach, Bonn
Steuerung von Wachstum und Formbildung
1955, 48 Seiten, 19 Abb., DM 10,30

HEFT 145
Dr. G. Hennemann, Werdohl (Westf.)
Beitrag zur Interpretation der modernen Atomphysik
1955, 34 Seiten, DM 10,—

HEFT 146
Dr.-Ing. F. Gruß, Düsseldorf
Sterilisation mit Heißluft
1955, 34 Seiten, 10 Abb., DM 7,70

HEFT 147
Dr.-Ing. W. Rudisch, Unna
Untersuchung einer drehelastischen Elektromagnet-Synchronkupplung
1955, 82 Seiten, 65 Abb., DM 17,70

HEFT 148
Prof. Dr. H. Bittel u. Dipl.-Phys. L. Storm, Münster
Untersuchungen über Widerstandsrauschen
1955, 40 Seiten, 5 Abb., DM 8,40

HEFT 149
Dipl.-Ing. K. Konopicky und Dipl.-Chem. P. Kampa, Bonn
I. Beitrag zur flammenphotometrischen Bestimmung des Calciums.
Dr.-Ing. K. Konopicky, Bonn
II. Die Wanderung von Schlackenbestandteilen in feuerfesten Baustoffen
1955, 54 Seiten, 10 Abb., 5 Tabellen, DM 11,—

HEFT 150
Prof. Dr.-Ing. O. Kienzle und Dipl.-Ing. W. Timmerbeil, Hannover
Das Durchziehen enger Kragen an ebenen Fein- und Mittelblechen
1955, 52 Seiten, 20 Abb., 8 Tabellen, DM 11,30

HEFT 151
Dipl.-Ing. P. Karabasch, Aachen
Feststellung des optimalen Gasgehaltes von Bronzen zur Erzielung druckdichter Gußstücke
1956, 64 Seiten, 31 Abb., 5 Tabellen, DM 13,90

HEFT 152
Dipl.-Ing. G. Müller, Köln
Ermittlung der Laufeigenschaften (Vergießbarkeit) von Bronze und Rotguß mittels der Schneider-Gießspirale
1955, 60 Seiten, 33 Abb., DM 13,30

HEFT 153
Prof. Dr. F. Wever, Dr.-Ing. W. A. Fischer und Dipl.-Ing. J. Engelbrecht, Düsseldorf
I. Die Reduktion sauerstoffhaltiger Eisenschmelzen im Hochvakuum mit Wasserstoff und Kohlenstoff
II. Einfluß geringer Sauerstoffgehalte auf das Gefüge und Alterungsverhalten von Reineisen
1955, 54 Seiten, 15 Abb., 2 Tabellen, DM 12,40

HEFT 154
Prof. Dr.-Ing. P. Bardenheuer und Dr.-Ing. W. A. Fischer, Düsseldorf
Die Verschlackung von Titan aus Stahlschmelzen im sauren und basischen Hochfrequenzofen unter verschiedenen Schlacken
1955, 36 Seiten, 10 Abb., 1 Tabelle, DM 7,95

HEFT 155
Dipl.-Phys. K. H. Schirmer, München
Die auf Grau abgestimmte Farbwiedergabe im Dreifarbenbuchdruck
1955, 46 Seiten, 17 Abb., 2 Farbtafeln, DM 10,—

HEFT 156
Prof. Dr.-Ing. B. von Borries und Mitarbeiter, Düsseldorf
Die Entwicklung regelbarer permanentmagnetischer Elektronenlinsen hoher Brechkraft und eines mit ihnen ausgerüsteten Elektronenmikroskopes neuer Bauart
1956, 102 Seiten, 52 Abb., DM 22,55

HEFT 157
Dr. W. Jawtusch, Dr. G. Schuster und Prof. Dr.-Ing. R. Jaeckel, Bonn
Untersuchungen über die Stoßvorgänge zwischen neutralen Atomen und Molekülen
1955, 48 Seiten, 15 Abb., 3 Tabellen, DM 10,50

HEFT 158
Dipl.-Ing. W. Rosenkranz, Meinerzhagen
Ein Beitrag zum Problem der Spannungskorrosion bei Preßprofilen und Preßteilen aus Aluminium-Legierungen
1956, 112 Seiten, 61 Abb., 5 Tabellen, DM 27,40

HEFT 159
Dr.-Ing. O. Viertel und O. Oldenroth, Krefeld
Das Bleichen von Weißwäsche mit Wasserstoffsuperoxyd bzw. Natriumhypochlorit beim maschinellen Waschen
1955, 54 Seiten, 23 Abb., 2 Tabellen, DM 11,45

HEFT 160
Prof. Dr. W. Klemm, Münster
Über neue Sauerstoff- und Fluor-haltige Komplexe
1955, 50 Seiten, 13 Abb., 7 Tabellen, DM 10,80

HEFT 161
Prof. Dr. W. Weltzien und Dr. G. Hauschild, Krefeld
Über Silikone und ihre Anwendung in der Textilveredlung
1955, 162 Seiten, 22 Abb., 10 Tabellen, DM 27,—

HEFT 162
Prof. Dr. F. Wever, Prof. Dr. A. Kochendörfer und Dr.-Ing. Chr. Rohrbach, Düsseldorf
Kennzeichnung der Sprödbruchneigung von Stählen durch Messung der Fließspannung, Reißspannung und Brucheinschnürung an dreiachsig beanspruchten Proben
1955, 58 Seiten, 26 Abb., 2 Tabellen, DM 13,—

HEFT 163
Dipl.-Ing. W. Rohs und Text.-Ing. H. Griese, Bielefeld
Untersuchungsarbeiten zur Verbesserung des Leinenwebstuhls III
1955, 80 Seiten, 15 Abb., 18 Tabellen, DM 15,80

HEFT 164
Dr.-Ing. H. Schmachtenberg, Köln
Neuartige Prüfeinrichtungen für Kraftfahrzeuge
1955, 44 Seiten, 23 Abb., DM 9,60

HEFT 165
Dr.-Ing. W. Wilhelm, Aachen
Instationäre Gasströmung im Auspuffsystem eines Zweitaktmotors
1955, 62 Seiten, 31 Abb., 8 Tabellen, DM 13,60

HEFT 166
Prof. Dr. M. v. Stackelberg, Dr. H. Heindze, Dr. H. Hübschke und Dr. K. H. Frangen, Bonn
Kolloidchemische Untersuchungen
1955, 106 Seiten, 8 Abb., 13 Tabellen, DM 21,25

HEFT 167
Prof. Dr.-Ing. F. Schuster, Essen
I. Über die Heißkarburierung von Brenngasen mit Ölen und Teeren
II. Die Strahlungsvorgänge in brennstoffbeheizten Öfen bei verschiedenen Verbrennungsatmosphären
1955, 38 Seiten, 8 Abb., DM 8,30

HEFT 168
Prof. Dr.-Ing. F. Schuster, Essen
I. Luftvorwärmung an Gasfeuerungen
II. Heizwerthöhe von Brenngasen und Wirkungsgrad sowie Gasverbrauch bei der Gasverwendung
III. Sauerstoffangereicherte Luft und feuerungstechnische Kenngrößen von Brenngasen
1955, 60 Seiten, 18 Abb., DM 12,50

HEFT 169
Forschungsinstitut für Pigmente und Lacke, Stuttgart
Arbeiten über die Bestimmung des Gebrauchswertes von Lackfilmen durch physikalische Prüfungen
1955, 70 Seiten, 23 Abb., 4 Tabellen, DM 15,—

HEFT 170
Prof. Dr. F. Wever, Dr. A. Rose und Dipl.-Ing L. Rademacher, Düsseldorf
Anwendung der Umwandlungsschaubilder auf Fragen der Werkstoffauswahl beim Schweißen und Flammhärten
1955, 64 Seiten, 25 Abb., DM 13,70

WESTDEUTSCHER VERLAG · KÖLN UND OPLADEN

HEFT 171
Wäschereiforschung Krefeld
Untersuchung der Wäscheentwässerung mit Hilfe von Zentrifugen und Pressen
1955, 42 Seiten, 16 Abb., 4 Tabellen, DM 9,70

HEFT 172
Dipl.-Ing. W. Rohs, Dr.-Ing. G. Satlow und Text.-Ing. G. Heller, Bielefeld
Trocknung von Hanfgarnen. Kreuzspultrocknung
1955, 60 Seiten, 7 Abb., 4 Tabellen, DM 10,30

HEFT 173
Prof. Dr. R. Hosemann und Dipl.-Phys. G. Schoknecht, Berlin, vorgelegt von Prof. Dr. W. Kast, Krefeld
Lichtoptische Herstellung und Diskussion der Faltungsquadrate parakristalliner Gitter
1956, 108 Seiten, 63 Abb., 6 Tabellen, DM 24,70

HEFT 174
Prof. Dr. W. von Fragstein, Dr. J. Meingast und H. Hoch, Köln
Herstellung von Solen einheitlicher Teilchengröße und Ermittlung ihrer optischen Eigenschaften
1955, 78 Seiten, 80 Abb., 4 Tabellen, DM 18,25

HEFT 175
Dr.-Ing. H. Zeller, Aachen
Beitrag zur eindimensionalen stationären und nichtstationären Gasströmung mit Reibung und Wärmeleitung, insbesondere in Rohren mit unstetigen Querschnittsänderungen.
1956, 138 Seiten, 56 Abb., DM 29,30

HEFT 176
Dipl.-Ing. H. Schöberl, Duisburg
Über die Methoden zur Ermittlung der Verbrennungstemperatur von Brennstoffen und ein Vorschlag zu ihrer Verbesserung
1955, 30 Seiten, 3 Abb., DM 6,50

HEFT 177
Dipl.-Ing. H. Stüdemann, Solingen, und Dr.-Ing. W. Müchler, Essen
Entwicklung eines Verfahrens zur zahlenmäßigen Bestimmung der Schneideigenschaften von Messerklingen
1956, 104 Seiten, 68 Abb., 4 Tabellen, DM 22,20

HEFT 178
Prof. Dr. M. von Stackelberg u. Dr. W. Hans, Bonn
Untersuchungen zur Ausarbeitung und Verbesserung von polarographischen Analysenmethoden
1955, 46 Seiten, 14 Abb., DM 10,50

HEFT 179
Dipl.-Ing. H. F. Reineke, Bochum
Entwicklungsarbeiten auf dem Gebiete der Meß- und Regeltechnik
1955, 46 Seiten, 10 Abb., DM 10,—

HEFT 180
Dr.-Ing. W. Piepenburg, Dipl.-Ing. B. Bübling und Bauing. J. Behnke, Köln
Putzarbeiten im Hochbau und Versuche mit aktiviertem Mörtel und mechanischem Mörtelauftrag
1955, 116 Seiten, 31 Abb., 68 Tabellen, DM 23,—

HEFT 181
Prof. Dr. W. Franz, Münster
Theorie der elektrischen Leitvorgänge in Halbleitern und isolierenden Festkörpern bei hohen elektrischen Feldern
1955, 28 Seiten, 2 Abb., 1 Tabelle, DM 6,20

HEFT 182
Dr.-Ing. P. Schenk u. Dr. K. Osterloh, Düsseldorf
Katalytisch-thermische Spaltung von gasförmigen und flüssigen Kohlenwasserstoffen zur Spitzengaserzeugung
1955, 50 Seiten, 11 Abb., 11 Tabellen, DM 10,90

HEFT 183
Dr. W. Bornheim, Köln
Entwicklungsarbeiten an Flaschen- und Ampullen-Behandlungsmaschinen für die pharmazeutische Industrie
1956, 48 Seiten, 24 Abb., DM 11,70

HEFT 184
Dr.-Ing. E. Printz, Kettwig
Vollhydraulische Parallel-Kupplung für Ackerschlepper
1955, 32 Seiten, 4 Abb., DM 7,80

HEFT 185
Dipl.-Ing. W. Rohs und Text.-Ing. G. Heller, Bielefeld
Studien an einem neuzeitlichen Kreuzspultrockner für Bastfasergarne mit Wiederbefeuchtungszone
1955, 52 Seiten, 9 Abb., 3 Tabellen, DM 10,70

HEFT 186
Dr. E. Wedekind, Krefeld
Untersuchungen zur Arbeitsbestgestaltung bei der Fertigstellung von Oberhemden in gewerblichen Wäschereien
1955, 124 Seiten, 28 Abb., 6 Tabellen, 2 Falttaf., DM 12,—

HEFT 187
Dipl.-Ing. F. Göttgens, Essen
Über die Eigenarten der Bimetall-, Thermo- und Flammenionisationssicherungsmethode in ihrer Anwendung auf Zündsicherungen
1955, 40 Seiten, 6 Abb., 4 Tabellen, DM 8,40

HEFT 188
W. Kinnebrock, Langenberg (Rhld.)
Der Einfluß des Austausches gleicher Gaskochbrenner bzw. Gaskochbrennerteile auf den Wirkungsgrad und insbesondere auf den CO-Gehalt der Verbrennungsgase
1955, 42 Seiten, 7 Abb., DM 8,70

HEFT 189
Fa. E. Leybold's Nachfolger, Köln
I. Ausgewählte Kapitel aus der Vakuumtechnik
II. Zum Verlust anorganisch-nichtflüchtiger Substanzen während der Gefriertrocknung
1955, 52 Seiten, 16 Abb., 3 Tabellen, DM 11,20

HEFT 190
Prof. Dr. A. Neuhaus, Prof. Dr. O. Schmitz-DuMont und Dipl.-Chem. H. Reckhard, Bonn
Zur Kenntnis der Alkalititanate
1955, 60 Seiten, 13 Abb., 1 Tabelle, DM 12,20

HEFT 191
Dr. H. Söhngen, Darmstadt
Schwingungsverhalten eines Schaufelkranzes im Vakuum *1955, 36 Seiten, 7 Abb., DM 7,80*

HEFT 192
Dipl.-Phys. E. M. Schneider, München
Kohlebogenlampen für Aufnahme und Kopie
1955, 48 Seiten, 21 Abb., 3 Tabellen, DM 10,60

HEFT 193
Prof. Dr. O. Schmitz-DuMont, Bonn
Untersuchungen über neue Pigmentfarbstoffe
1956, 50 Seiten, 16 Abb., 8 Tabellen, DM 11,20

HEFT 194
Dr. K. Hecht, Köln
Entwicklung neuartiger physikalischer Unterrichtsgeräte *1955, 42 Seiten, 16 Abb., DM 9,90*

HEFT 195
Dr.-Ing. E. Rößger, Köln
Gedanken über einen neuen deutschen Luftverkehr
1955, 342 Seiten, 29 Abb., 122 Tabellen, DM 50,—

HEFT 196
Dipl.-Ing. W. Rohs und Text.-Ing. H. Griese, Bielefeld
Auswirkungen von Garnfehlern bei der Verarbeitung von Leinengarnen
1955, 36 Seiten, 3 Abb., 6 Tabellen, DM 7,80

HEFT 197
Dr. E. Wedekind, Krefeld
Untersuchungen zur Bestimmung der optimalen Arbeitsplatzgröße bei der Mehrstuhlarbeit in der Weberei
1955, 92 Seiten, 34 Abb., DM 18,50

HEFT 198
Prof. Dr. J. Weissinger, Karlsruhe
Zur Aerodynamik des Ringflügels. Die Druckverteilung dünner, fast drehsymmetrischer Flügel in Unterschallströmung *1955, 42 Seiten, 5 Abb., DM 9,—*

HEFT 199
Textilforschungsanstalt Krefeld
Die Messung von Gewebetemperaturen mittels Temperaturstrahlung
1955, 50 Seiten, 12 Abb., DM 10,90

HEFT 200
R. Seipenbusch, Langenberg (Rhld.)
Spitzengas durch Zusatz von Flüssiggas-Wassergas- und Flüssiggas-Generatorgas-Gemischen zu Stadtgas
1955, 48 Seiten, 21 Tabellen, DM 10,35

HEFT 201
Dr.-Ing. E. W. Pleines, Frankfurt/Main
Die Sicherheit im Luftverkehr
1956, 194 Seiten, 39 Abb., 19 Tabellen, DM 39,50

HEFT 202
Dipl.-Ing. D. Fiecke, Stuttgart/Zuffenhausen
Die Bestimmung der Flugzeugpolaren für Entwurfszwecke. I Teil: Unterlagen
1956, 216 Seiten, 171 Diagr., DM 59,70

HEFT 203
Dr. G. Wandel, Bonn
Uferbewachsung und Lebendverbauung an den Nordwestdeutschen Kanälen und ihren Zuflüssen sowie an der Ruhr *1956, 122 Seiten, 88 Abb., DM 25,70*

HEFT 204
Dipl.-Ing. B. Naendorf, Langenberg (Rhld.)
Bestimmung der Brenneigenschaften und des Brennverhaltens verschiedener Gasarten und Einfluß verschiedener Düsengestaltung
1955, 32 Seiten, DM 7,10

HEFT 205
Dr. C. Schaarwächter, Düsseldorf
Über plastische Kupfer-Eisen-Phosphor-Legierungen
1936, 36 Seiten, 10 Abb., 10 Tabellen, DM 8,30

HEFT 206
Dr. P. Hölemann, Ing. R. Hasselmann und Ing. G. Dix, Dortmund
Untersuchungen über die Vorgänge bei der Zersetzung von in Azeton gelöstem Azetylen
1956, 74 Seiten, 7 Abb., 7 Tabellen, DM 15,55

HEFT 207
Prof. Dr.-Ing. H. Opitz, Dipl.-Ing. K. H. Fröhlich und Dipl.-Ing. H. Siebel, Aachen
Richtwerte für das Fräsen von unlegierten und legierten Baustählen mit Hartmetall. I. Teil
1956, 48 Seiten, 27 Abb., 3 Tabellen, DM 11,10

HEFT 208
Prof. Dr.-Ing. H. Müller, Essen
Untersuchung von Elektrowärmegeräten für Laienbedienung hinsichtlich Sicherheit und Gebrauchsfähigkeit. I. Untersuchungen an Kochplatten
1956, 100 Seiten, 76 Abb., 7 Tabellen, DM 22,70

HEFT 209
Dr. K. Bunge, Leverkusen
Materialabbau in Funkenentladungen. Untersuchungen an Zinkkathoden
1956, 54 Seiten, 10 Abb., 5 Tabellen, DM 11,40

HEFT 210
Dr. W. Porschen und Prof. Dr. W. Riezler, Bonn
Langlebige Alphaaktivitäten bei natürlichen Elementen
1955, 40 Seiten, 5 Abb., 4 Tabellen, DM 8,80

HEFT 211
Prof. Dipl.-Ing. W. Sturtzel und Dr.-Ing. W. Graff, Duisburg
Die Versuchsanstalt für Binnenschiffbau, Duisburg,
1956, 48 Seiten, 22 Abb., 11,—

HEFT 212
Dipl.-Ing. H. Spodig, Selm
Untersuchungen zur Anwendung der Dauermagnete in der Technik *1955, 44 Seiten, 25 Abb., DM 9,80*

HEFT 213
Dipl.-Ing. K. F. Rittinghaus, Aachen
Zusammenstellung eines Meßwagens für Bau- und Raumakustik
1957, 96 Seiten 17 Abb., 7 Tabellen DM 19,80

HEFT 214
Dr.-Ing. J. Endres, München
Berechnung der optimalen Leistungen, Kraftstoffverbräuche und Wirkungsgrade von Einkreis-Turbolader-Strahltriebwerken am Boden und in der Höhe bei Fluggeschwindigkeiten von 0—2000 km/h
1956, 72 Seiten, 18 Abb., 8 Tabellen, DM 15,40

HEFT 215
Prof. Dr.-Ing. H. Opitz und Dr.-Ing. G. Weber, Aachen
Einfluß der Wärmebehandlung von Baustählen auf Spanenstehung, Schnittkraft- und Standzeitverhalten
1956, 80 Seiten, 30 Abb., 10 Tabellen, DM 18,40

HEFT 216
Dr. E. Kloth, Köln
Untersuchungen über die Ausbreitung kurzer Schallimpulse bei der Materialprüfung mit Ultraschall
1956, 90 Seiten, 60 Abb., 4 Tabellen, DM 19,40

HEFT 217
Rationalisierungskuratorium der Deutschen Wirtschaft (RKW), Frankfurt/Main
Typenvielzahl bei Haushaltgeräten und Möglichkeiten einer Beschränkung
1956, 328 Seiten, 2 Abb., 181 Tabellen, DM 49,50

HEFT 218
Dr. F. Keune, Aachen
Bericht über eine Theorie der Strömung um Rotationskörper ohne Anstellung bei Machzahl Eins
1955, 40 Seiten, 8 Abb., 5 Formelblätter, DM 8,80

WESTDEUTSCHER VERLAG · KÖLN UND OPLADEN

HEFT 219
Prof. Dr. W. Fuchs, Aachen
Untersuchungen zur Holzabfallverwertung und zur Chemie des Lignins
1955, 54 Seiten, 11 Abb., 15 Tabellen DM 11,40

HEFT 220
Prof. Dr. W. Fuchs, Aachen
Die Entwicklung neuer Regel- und Kontroll-Apparate zur coulometrischen Analyse
1956, 76 Seiten, 17 Abb. 23 Tabellen, DM 15,50

HEFT 221
Dr. W. Meyer-Eppler, Bonn
Experimentelle Untersuchungen zum Mechanismus von Stimme und Gehör in der lautsprachlichen Kommunikation *1955, 56 Seiten, 24 Abb., DM 13,45*

HEFT 222
Dr. L. Köllner, Münster, und Dipl.-Volkswirt M. Kaiser, Bochum
Die internationale Wettbewerbsfähigkeit der westdeutschen Wollindustrie *1956, 214 Seiten, DM 39,50*

HEFT 223
Dr.-Ing. K. Alberti und Dr. F. Schwarz, Köln
Über das Problem Hartbrand-Weichbrand
1956, 54 Seiten, 25 Abb., 14 Tabellen, DM 12,10

HEFT 224
Dipl.-Ing. H. Stüdemann und Ing. R. Beu, Solingen
Verfahren zur Prüfung der Korrosionsbeständigkeit von Messerklingen aus rostfreiem Stahl
1956, 82 Seiten, 28 Abb., DM 16,90

HEFT 225
Dr.-Ing. E. Barz, Remscheid
Der Spannungszustand von Gattersägeblättern
1956, 74 Seiten, 54 Abb., DM 16,50

HEFT 226
Technisch-wissenschaftliches Büro für die Bastfaserindustrie, Bielefeld
Untersuchungen zur Verbesserung des Leinenwebstuhles IV
Die Wirkung verschiedener Kettbaumbremsen auf die Verwebung von Leinengarnen
1956, 64 Seiten, 9 Abb., 4 Tabellen, DM 13,50

HEFT 227
Prof. Dr. F. Wever, Düsseldorf und Dr. W. Wepner, Köln
Untersuchung der Alterungsneigung von weichen unlegierten Stählen durch Härteprüfung bei Temperaturen bis 300 Grad C
1956, 34 Seiten, 20 Abb., 3 Tabellen, DM 7,95

HEFT 228
Prof. Dr. F. Wever, Dr. W. Koch, Düsseldorf, und Dr. B. A. Steinkopf, Dortmund
Spektrochemische Grundlagen der Analyse von Gemischen aus Kohlenmonoxyd, Wasserstoff und Stickstoff *1956, 42 Seiten, 18 Abb., 1 Tabelle, DM 9,90*

HEFT 229
Prof. Dr. F. Wever, Dr. W. Koch und Dr.-Ing. H. Malissa, Düsseldorf
Über die Anwendung disubstituierter Dithiocarbamate der analytischen Chemie
1956, 44 Seiten, 30 Abb., 5 Tabellen, DM 10,50

HEFT 230
Prof. Dr. F. Wever, Düsseldorf, und Dr. W. Wepner, Köln
Bestimmung kleiner Kohlenstoffgehalte im Alpha-Eisen durch Dämpfungsmessung
1956, 34 Seiten, 5 Abb., 2 Tabellen, DM 7,70

HEFT 231
Dr.-Ing. W. Küch, Dortmund
Über die Wechselwirkung zwischen Holzschutzbehandlung und Verleimung
1956, 48 Seiten, 10 Abb., 8 Tabellen, DM 10,40

HEFT 232
Prof. Dr.-Ing. O. Kienzle, Hannover, und Dr.-Ing. H. Münnich, Schweinfurt
Feststellung der Spannungen und Dehnungen und Bruchdrehzahlen der unter Fliehkraft und Bearbeitungskraft beanspruchten Schleifkörper
in Vorbereitung

HEFT 233
Dr. H. Haase, Hamburg
Infrarot-Bibliographie *1956, 90 Seiten, DM 17,80*

HEFT 234
Dr.-Ing. K. G. Speith und Dr.-Ing. A. Bungeroth, Duisburg
Versuche zur Steigerung des Kokillen-Schluckvermögens beim Stranggießen von Stahl
1956, 26 Seiten, 5 Abb., DM 6,15

HEFT 235
Prof. Dr.-Ing. K. Leist und Dipl.-Ing. W. Dettmering, Aachen
Turbinenschaufeln aus Kunststoff für Kaltluftversuchsanlagen
1956, 46 Seiten, 43 Abb., 3 Tabellen, DM 12,30

HEFT 236
Dr.-Ing. O. Viertel und S. Lucas, Krefeld
Ergebnisse einer Hausfrauenbefragung über Wascheinrichtungen und Waschmethoden in städtischen Haushaltungen
1956, 34 Seiten, 4 Abb., DM 7,60

HEFT 237
Dr. P. Endler und Dr. H. Ludes, Köln
Bericht über eine Studienreise zur Orientierung der heutigen Behandlung der Lungentuberkulose in den Vereinigten Staaten von Nordamerika
1956, 32 Seiten, DM 7,10

HEFT 238
Institut für textile Meßtechnik, M.-Gladbach, e. V.
Untersuchungen der Verzugsvorgänge an den Streckwerken verschiedener Spinnereimaschinen. 3. Bericht: Theoretische Betrachtungen über den Einfluß schlagender Zylinder und Druckrollen
1956, 66 Seiten, 21 Abb., DM 14,10

HEFT 239
Prof. Dr.-Ing. K. Leist, Dipl.-Ing. H. Scheele, Aachen, und Dipl.-Ing. F. H. Flottmann, Herne
Versuche an einem neuartigen luftgekühlten Hochleistungs-Kolbenkompressor
1956, 72 Seiten, 19 Abb., 7 Tabellen, DM 14,40

HEFT 240
Prof. Dr.-Ing. K. Leist und Dipl.-Ing. H. Scheele, Aachen
Temperaturmessungen an einem einstufigen luftgekühlten 4-Zylinder-Kolbenkompressor mit Kühlgebläse *1956, 74 Seiten, 36 Abb., DM 14,80*

HEFT 241
Prof. Dr.-Ing. K. Leist und Dipl.-Ing. M. Pötke, Aachen
Leistungsversuche an einem Kühlluftgebläse
1956, 60 Seiten, 13 Abb., DM 11,70

HEFT 242
Prof. Dr.-Ing. K. Leist und Dipl.-Ing. K. Graf, Aachen
Straßenfahrzeuge mit Gasturbinenantrieb
1956, 82 Seiten, 63 Abb., DM 17,20

HEFT 243
Prof. Dr.-Ing. K. Leist und Dipl.-Ing. S. Förster, Aachen
Die französische Kleingasturbine Artouste — 1. Teil
1956, 80 Seiten, 41 Abb., DM 15,85

HEFT 244
Prof. Dr. F. Wever, Dr. W. Koch und Dr. S. Eckhard, Düsseldorf
Erfahrungen mit der spektrochemischen Analyse von Gefügebestandteilen des Stahles
1956, 32 Seiten, 8 Abb., 2 Tabellen, DM 7,80

HEFT 245
Prof. Dr.-Ing. habil. K. Krekeler, Aachen
Das Verbinden von Metallen durch Kunstharzkleber. Teil I: Eigenschaften und Verwendung der Metallklebstoffe *1956, 48 Seiten, 8 Abb., DM 10,25*

HEFT 246
Prof. Dr.-Ing. habil. K. Krekeler, Aachen
Das Verbinden von Metallen durch Kunstharzkleber. Teil II: Untersuchungen an geklebten Leichtmetall-Verbindungen *1956, 80 Seiten, 40 Abb., DM 17,50*

HEFT 247
Dr. H. Söhngen, Darmstadt
Strömung vor einem Überschall-Laufrad
1956, 26 Seiten, 4 Abb., DM 7,60

HEFT 248
Rheinische Aktiengesellschaft für Braunkohlenbergbau und Brikettfabrikation, Köln
Untersuchung der Bindemitteleigenschaften von Braunkohlenfilterasche
1956, 176 Seiten, 26 Abb., 30 Tabellen, DM 35,60

HEFT 249
Dr. M.-E. Meffert, Essen
Weitere Kulturversuche Scenedesmus obliquus
1956, 36 Seiten, 5 Abb., 10 Tabellen, DM 8,—

HEFT 250
Dr. F. Schwarz und Dr.-Ing. K. Alberti, Köln
Entwicklung von Untersuchungsverfahren zur Gütebeurteilung von Industriekalken
1956, 36 Seiten, 9 Abb., DM 16,50

HEFT 251
Prof. Dr. H. Bittel, Münster
Zur Statistik der ferromagnetischen Elementarvorgänge und ihren Einfluß auf das Barkhausenrauschen
1956, 52 Seiten, 14 Abb., DM 11,65

HEFT 252
Dipl.-Ing. H. Frings, Geilenkirchen
Die Wirkung abfallender Wetterführung auf Wettertemperatur, Grubengasgehalt und Staubbildung
1957, 126 Seiten, 23 Abb., 13 Falttafeln, 38 Tab., DM 35,70

HEFT 253
Dipl.-Ing. S. Schirmanski, Berghausen
Stand und Auswertung der Forschungsarbeiten über Temperatur- und Feuchtigkeitsgrenzen bei der bergmännischen Arbeit
1957, 80 Seiten, 24 Abb., 12 Tab., DM 17,10

HEFT 254
Prof. Dr. R. Danneel, Bonn
Quantitative Untersuchungen über die Entwicklung des Ehrlich-Ascitestumors bei Inzuchtmäusen
1956, 52 Seiten, 17 Tabellen, DM 11,75

HEFT 255
Ing. B. v. Schlippe, Bad Nauheim
Strömung von Flüssigkeiten mit temperaturabhängiger Zähigkeit (Kühlung von Öfen)
1956, 54 Seiten, 12 Abb., 4 Tabellen, DM 11,70

HEFT 256
Prof. Dr. C. Schmieden und Dipl.-Math. K. H. Müller, Darmstadt
Die Strömung einer Quellstrecke im Halbraum — eine strenge Lösung der Navier-Stokes-Gleichungen
1956, 40 Seiten, 9 Abb., DM 8,80

HEFT 257
Prof. Dr. G. Lehmann und Dr. J. Tamm, Dortmund
Die Beeinflussung vegetativer Funktionen des Menschen durch Geräusche
1956, 48 Seiten, 25 Abb., 3 Tabellen, DM 11,20

HEFT 258
Dr. H. Paul, Linz (Rhein), und Prof. Dr. O. Graf, Dortmund
Zur Frage der Unfälle im Bergbau
1956, 52 Seiten, 9 Abb., 22 Tabellen, DM 11,20

HEFT 259
Prof. D. W. Linke, Aachen
Strömungsvorgänge in künstlich belüfteten Räumen
1956, 52 Seiten, 37 Abb., 1 Tabelle, DM 11,80

HEFT 260
Prof. Dr. W. Kast, Freiburg (Br.), Prof. Dr. A. H. Stuart und Dipl.-Phys. H. G. Fendler, Hannover
Lichtzerstreuungsmessungen an Lösungen hochpolymerer Stoffe
1956, 70 Seiten, 25 Abb., 5 Tabellen, DM 15,60

HEFT 261
Prof. Dr. W. Kast, Freiburg (Br.)
Feinstruktur-Untersuchungen an künstlichen Zellulosefasern verschiedener Herstellungsverfahren.
Teil II: Der Kristallisationszustand
1956, 80 Seiten, 27 Abb., 11 Tabellen, DM 17,20

HEFT 262
Dr.-Ing. W. Batel, Aachen
Untersuchungen zur Absiebung feuchter, feinkörniger Haufwerke und Schwingsieben
1956, 100 Seiten, 45 Abb., 5 Tabellen, DM 23,40

HEFT 263
Prof. Dr. H. Lange und Dipl.-Phys. R. Kohlhaas, Köln
Über die Wärmeleitfähigkeit von Stählen bei hohen Temperaturen: Teil I: Literaturbericht
1956, 48 Seiten, 26 Abb., 8 Tabellen, DM 10,70

HEFT 264
Prof. Dr. W. Weizel, Bonn
Durch schnelle Funkenzusammenbrüche ausgelöste Signale auf einer Leitung
1956, 26 Seiten, 4 Abb., 3 Tabellen, DM 6,10

HEFT 265
Prof. Dr. F. Micheel und Dr. R. Engel, Münster
Eine Apparatur zur elektrophoretischen Trennung von Stoffgemischen
1956, 38 Seiten, 21 Abb., DM 9,20

HEFT 266
Fliesen-Beratungsstelle Bad Godesberg-Mehlem
Güteeigenschaften keramischer Wand- und Bodenfliesen und deren Prüfmethoden
1956, 32 Seiten, DM 7,10

HEFT 267
Prof. Dr. W. Weizel und B. Brandt, Bonn
Zur Stabilität stromstarker Glimmentladungen
1956, 36 Seiten, 7 Abb., DM 8,40

WESTDEUTSCHER VERLAG · KÖLN UND OPLADEN

HEFT 268
Prof. Dr.-Ing. G. Vogelpohl, Göttingen
Über die Tragfähigkeit von Gleitlagern und ihre Berechnung
1956, 76 Seiten, 24 Abb., 7 Tabellen, DM 16,85

HEFT 269
Markscheider R. Bals, Bochum
Eignung des Gebirgsankerausbaus zur Erleichterung des Streckenvortriebs im Steinkohlenbergbau
1956, 84 Seiten, 41 Abb., DM 18,75

HEFT 270
Dr. H. Krebs und Mitarbeiter, Bonn
Die Trennung von Racematen auf chromatographischem Wege
1956, 62 Seiten, 18 Tabellen, DM 12,95

HEFT 271
Prof. Dr.-Ing. H. Opitz und Dipl.-Ing. H. Axer, Aachen
Beeinflussung des Verschleißverhaltens bei spanenden Werkzeugen durch flüssige und gasförmige Kühlmittel und elektrische Maßnahmen
1956, 46 Seiten, 28 Abb., DM 10,70

HEFT 272
Prof. Dr. W. Fuchs und Dr. H. Dresia, Aachen
Untersuchungen über die Schnellverbrennung und Schnellvergasung fester Brennstoffe
1956, 56 Seiten, 14 Abb., 3 Tabellen, DM 11,90

HEFT 273
Fa. K. W. Tacke G.m.b.H., Wuppertal-Barmen
Erfahrungen beim Verspinnen von Perlonfasern und bei der Herstellung von Trikotagen aus gesponnenem Perlon
1956, 36 Seiten, DM 7,90

HEFT 274
Prof. Dr.-Ing. K. Krekeler, Aachen
Qualitative Untersuchungen bei Verbindungsschweißungen mittels Lichtbogenschweißautomaten unter Verwendung von Blankdraht und Zugabe von ferromagnetischem Pulver als Umhüllung
1956, 68 Seiten, 40 Abb., 8 Tabellen, DM 15,45

HEFT 275
Prof. Dr.-Ing. habil. K. Krekeler, Aachen, und Dipl.-Ing. H. Verhoeven, Aachen
Quantitative Untersuchungen von Punktschweißverbindungen an Tiefzieh- und Aluminiumblechen, die nach dem Argonarc-Punktschweißverfahren hergestellt werden
1956, 64 Seiten, 45 Abb., DM 14,60

HEFT 276
Fa. E. Haage, Mülheim (Ruhr)
Entwicklungsarbeiten im Apparatebau für Laboratorien
1956, 48 Seiten, 18 Abb., DM 10,50

HEFT 277
Dr.-Ing. W. Müchler, Essen
Untersuchung und zahlenmäßige Bestimmung der Schneideigenschaften von Messern mit besonderer Berücksichtigung rostfreier Messerstähle
1956, 60 Seiten, 27 Abb., 5 Tabellen, DM 13,20

HEFT 278
Dipl.-Ing. J. Stelter und Dipl.-Ing. H. Kickert, Aachen
I. Sichtbarmachung von Ultraschallfeldern unter Verwendung photographischer Emulsionsschichten
II. Methode zur Bestimmung der wirklichen Temperaturverhältnisse in Flüssigkeiten während der Beschallung (Nach einer Diplom-Arbeit von H. Schnitzler)
1956, 54 Seiten, 24 Abb., DM 12,75

HEFT 279
Dr. F. Keune, Aachen
Der gewölbte und verwundene Tragflügel ohne Dicke in Schallnähe
1956, 42 Seiten, 15 Abb., DM 9,25

HEFT 280
Dipl.-Ing. J. Stelter und Dipl.-Ing. E. Pfende, Aachen
Über Störerscheinungen bei Schallgeschwindigkeitsmessungen mittels der Interferometermethode
1956, 42 Seiten, 13 Abb., DM 9,60

HEFT 281
Prof. Dr.-Ing. K. Lürenbaum, Aachen
Der Meßwagen des Instituts für Maschinen-Dynamik der Deutschen Versuchsanstalt für Luftfahrt, Aachen
1956, 34 Seiten, 17 Abb., DM 8,60

HEFT 282
Bergrat a. D. Scherer, Bochum
Das B. T.-Schwelverfahren und seine Anwendung auf der Anlage Marienau
1956, 44 Seiten, 7 Abb., DM 9,60

HEFT 283
Prof. Dr. F. Wever und Dr.-Ing. W. Lueg, Düsseldorf
Warmstauchversuche zur Ermittlung der Formänderungsfestigkeit von Gesenkschmiede-Stählen
1956, 44 Seiten, 19 Abb., DM 9,90

Heft 284
Prof. Dr. F. Wever, Düsseldorf, Dr.-Ing. H. J. Wiester, Essen, Dr.-Ing. F. W. Straßburg, Duisburg, Prof. Dr.-Ing. H. Opitz, Aachen, und Dr.-Ing. K. H. Fröhlich, Köln
Einfluß des Gefüges auf die Zerspanbarkeit von Einsatz- und Vergütungsstählen
1957, 88 Seiten, 126 Abb., 11 Tab., DM 22,45

HEFT 285
Prof. Dr.-Ing. O. Kienzle, Dr.-Ing. K. Lange, Hannover, und Dipl.-Ing. H. Meinert, Osterode
Einfluß der Oberfläche auf das Verschleißverhalten von Schmiedegesenken
1956, 62 Seiten, 29 Abb., 8 Tabellen, DM 14,60

HEFT 286
Dr.-Ing. K. Lange, Hannover, Dipl.-Ing. H. Meinert, Osterode, unter Mitarbeit von Dr.-Ing. H. Arend, Mülheim (Ruhr)
Verschleißverhalten hartverchromter Schmiedegesenke
1956, 74 Seiten, 53 Abb., 6 Tabellen, DM 17,65

HEFT 287
Prof. Dr.-Ing. habil. K. Krekeler, Aachen
Änderungen der mechanischen Eigenschaftswerte thermoplastischer Kunststoffe bei Beanspruchung in verschiedenen Medien
1956, 62 Seiten, 23 Abb., 5 Tabellen, DM 13,70

HEFT 288
Dr. K. Brücker-Steinkuhl, Düsseldorf
Anwendung mathematisch-statischer Verfahren in der Industrie
1956, 103 Seiten, 27 Abb., 14 Tabellen, DM 24,20

HEFT 289
Prof. Dr.-Ing. H. Winterhager, Aachen
Kombinierter Widerstands- und Lichtbogen-Vakuumofen zur Verarbeitung von Titanschwamm
Prof. Dr. Dr. h. c. R. Schwarz, Aachen
Erforschung neuer Wege zur Darstellung von Titanmetall
1957, 42 Seiten, 18 Abb., DM 9,70

HEFT 290
Dr. D. Horstmann, Düsseldorf
I. Der verstärkte Angriff des Zinks auf Eisen im Temperaturgebiet um 500° C
II. Einfluß eines Antimongehaltes auf den Angriff von Zinkschmelzen auf Eisen
1956, 48 Seiten, 33 Abb., 3 Tabellen, DM 11,90

HEFT 291
Dr.-Ing. H. J. Wiester und Dr. D. Horstmann, Düsseldorf
Der Angriff eisengesättigter Zinkschmelzen auf silizium- und manganhaltiges Eisen
1956, 52 Seiten, 45 Abb., 8 Tabellen, DM 12,60

HEFT 292
Dipl.-Ing. W. Rohs und Text.-Ing. H. Griese, Bielefeld
Webversuche an Leinenwebstühlen mit verbesserter Schaftbewegung
1956, 34 Seiten, 3 Abb., 2 Tabellen, DM 7,60

HEFT 293
Prof. J. W. Korte, unter Mitarbeit von Dipl.-Ing. P. A. Mäcke und Dipl.-Ing. W. Leutzbach, Aachen
Die Leistungsfähigkeit von Verkehrsanlagen des motorisierten städtischen Straßenverkehrs
1956, 98 Seiten, 35 Abb., 5 Tabellen, 1 Falttafel, DM 22,50

HEFT 294
Dipl.-Ing. B. Naendorf, Essen
Untersuchungen industrieller Gasbrenner
1956, 58 Seiten, 6 Abb., 3 Tabellen, DM 12,40

HEFT 295
Prof. Dr.-Ing. H. Opitz und Dipl.-Ing. H. Axer, Aachen
Untersuchung und Weiterentwicklung neuartiger elektrischer Bearbeitungsverfahren
1956, 42 Seiten, 27 Abb., DM 10,30

HEFT 296
Prof. Dr.-Ing. H. Opitz, Aachen
I. Untersuchungen an elektronischen Regelantrieben
II. Statische Untersuchungen zur Ausnutzung von Drehbänken
1956, 46 Seiten, 18 Abb., DM 10,40

HEFT 297
Dr. K. Schaarwächter, Düsseldorf
Die Reduktion von Siliziumtetrachlorid im Lichtbogen zur nachfolgenden Silizierung von Eisenblechen
1958, 30 Seiten, 12 Abb., DM 8,20

HEFT 298
Prof. Dr.-Ing. E. Oehler, Aachen
Untersuchung von kritischen Drehzahlen, die durch Kreiselmomente verursacht werden
1956, 50 Seiten, 35 Abb., DM 13,15

HEFT 299
Dr. J. Fassbender und W. Hoppe, Bonn
Eine photoelektrische Nachlaufeinrichtung für Analogie-Rechenmaschinen
1956, 20 Seiten, 8 Abb., DM 7,65

HEFT 300
Prof. Dr. E. Schütz und Privatdozent Dr. H. Caspers, Münster
Tierexperimentelle Untersuchungen über die Alkoholwirkungen auf Erregbarkeit und bioelektrische Spontanaktivität der Hirnrinde
1956, 44 Seiten, 6 Abb., 1 Tabelle, DM 9,55

HEFT 301
Prof. Dr. W. Weltzien, Dr. G. Cossmann und P. Diehl, Krefeld
Über die fraktionierte Füllung von Polyamiden (II)
1956, 54 Seiten, 1 Abb., 16 Tabellen, DM 11,30

HEFT 302
Prof. Dr.-Ing. W. Wegener und Dipl.-Ing. W. Zahn, Aachen
Untersuchungen von gesponnenen Garnen auf ihre Gleichmäßigkeit nach verschiedenen Meßmethoden
1957, 58 Seiten, 34 Abb., DM 15,20

HEFT 303
Prof. Dr. Ing. S. Kiesskalt, Aachen
Das Institut der Forschungsgesellschaft Verfahrenstechnik e. V. an der Technischen Hochschule Aachen
1956, 76 Seiten, 20 Abb., 3 Tabellen, DM 16,40

HEFT 304
Prof. Dr.-Ing. K. Krekeler, Düsseldorf, und Dipl.-Ing. A. Kleine-Albers, Aachen
Beitrag zur thermoelastischen Warmformbarkeit von Hart-PVC
1957, 72 Seiten, 29 Abb., DM 17,70

HEFT 305
Prof. Dr.-Ing. K. Krekeler, Düsseldorf, Dr.-Ing. H. Peukert, Aachen, und Dipl.-Ing. W. Schmitz, Siegburg
Heißguß-Schweißung von Hart-Polyvinylchlorid mit Zusatzwerkstoff
1956, 44 Seiten, 27 Abb., 5 Tabellen, DM 12,50

HEFT 306
Prof. Dr. B. Rensch, Münster
Elektrophysiologische Untersuchungen zur Analysierung der Bildung von Assoziationen und Gedächtnisspuren in Gehirn und Rückenmark
Prof. Dr. A. Loeser, Münster
Akute und chronische Giftwirkungen sauerstoffhaltiger Lösungsmittel
1956, 36 Seiten, 9 Abb., DM 8,90

HEFT 307
Privatdozent Dr. J. Juilfs, Krefeld
Vergleichende Untersuchungen zur elastischen und bleibenden Dehnung von Fasern
1956, 36 Seiten, 11 Abb., DM 8,30

HEFT 308
Privatdozent Dr. J. Juilfs, Krefeld
Zur Messung der Fadenglätte
1956, 22 Seiten, 10 Abb., 2 Tabellen, DM 8,—

HEFT 309
Prof. Dr. K. Cruse und Mitarbeiter, Clausthal-Zellerfeld
Aufbau und Arbeitsweise eines universell verwendbaren Hochfrequenz-Titrationsgerätes
1957, 48 Seiten, 29 Abb., DM 11,90

HEFT 310
Dr. P. F. Müller, Bonn
Die Integrieranlage des Rheinisch-Westfälischen Instituts für Instrumentelle Mathematik in Bonn
1956, 62 Seiten, 6 Abb., 30 Satzskizzen, DM 14,45

HEFT 311
Prof. Dr. F. Wever und Dr. M. Hempel, Düsseldorf
Dauerschwingfestigkeit von Stählen bei erhöhten Temperaturen
Teil I: Erkenntnisse aus bisherigen Dauerschwingversuchen in der Wärme
1956, 48 Seiten, 19 Abb., 2 Tabellen, DM 10,90

HEFT 312
Prof. Dr. F. Wever und Dr. M. Hempel, Düsseldorf
Dauerschwingfestigkeit von Stählen bei erhöhten Temperaturen
Teil II: Zug-Druck-Dauerschwingversuche an zwei warmfesten Stählen bei Temperaturen von 500 bis 650°
1956, 48 Seiten, 20 Abb., 3 Tabellen, DM 13,—

WESTDEUTSCHER VERLAG · KÖLN UND OPLADEN

HEFT 313
*Prof. Dr. F. Wever, Dr. W. Koch und
Dipl.-Phys. H. Rohde, Düsseldorf*
Änderungen des Habitus und der Gitterkonstanten des Zementits in Chromstählen bei verschiedenen Wärmebehandlungen
1956, 88 Seiten, 29 Abb., 8 Tabellen, DM 20,90

HEFT 314
*Prof. Dr. F. Wever, Dr.-Ing. A. Krisch, Düsseldorf,
und Dr.-Ing. H.-J. Wiester, Essen*
Veränderungen im Gefügeaufbau von Chrom-Nickel-Molybdän-Stählen bei langzeitiger Beanspruchung im Zeitstandversuch bei 500°
1956, 48 Seiten, 26 Abb., 5 Tabellen, DM 11,70

HEFT 315
Prof. Dr. F. Wever und Dr.-Ing. A. Krisch, Düsseldorf
Metallkundliche Untersuchungen an Zeitstandproben
1956, 38 Seiten, 12 Abb., DM 9,15

HEFT 316
Dr. F. Keune, Aachen
Zusammenfassende Darstellung und Erweiterung des Aequivalenzsatzes für schallnahe Strömung
1956, 80 Seiten, 22 Abb., DM 17,90

HEFT 317
Dr.-Ing. J. Stelter, Aachen
Mikrobiologische Ultraschallwirkungen
1957, 106 Seiten, 41 Abb., 12 Tab., DM 23,90

HEFT 318
Dipl.-Ing. H. Kickert, Aachen
Über die Ausbreitung von Ultraschall in Luft
1957, 78 Seiten, 51 Abb., 7 Tab., DM 19,20

HEFT 319
Prof. Dr. C. Kröger, Aachen
Gemengereaktionen und Glasschmelze
1957, 118 Seiten, 53 Abb., 16 Tab., DM 26,—

HEFT 320
Dr. H.-E. Caspary, Köln
Verwendung von Szintillationszählern an Stelle von Zählrohren zur zerstörungsfreien Materialprüfung
1956, 42 Seiten, 13 Abb., 2 Tabellen, DM 10,10

HEFT 321
*Prof. Dr. F. Wever, Düsseldorf, und
Dr. W. Wepner, Köln*
Gleichzeitige Bestimmung kleiner Kohlenstoff- und Stickstoffgehalte im a-Eisen durch Dämpfungsmessung
1956, 30 Seiten, 3 Abb., 4 Tabellen, DM 6,80

HEFT 322
*Prof. Dr.-Ing. F. Bollenrath und
Dipl.-Ing. W. Domke, Aachen*
Eigenspannungen in vergüteten, dickwandigen Stahlzylindern nach Oberflächenhärtung mit induktiver Erwärmung
1956, 30 Seiten, 9 Abb., 2 Tabellen, DM 6,90

HEFT 323
Prof. Dr. R. Seyffert, Köln
Wege und Kosten der Distribution der Textilien, Schuh- und Lederwaren
1956, 98 Seiten, 37 Tabellen, 1 Falttaf., DM 12,—

HEFT 324
*Prof. Dr.-Ing. H. Opitz, Dr.-Ing. E. Saljé und
Dipl.-Ing. K. E. Schwartz, Aachen*
Richtwerte für das Außenrund-Längs- und Einstechschleifen
1956, 62 Seiten, 44 Abb., 2 Tabellen, DM 13,85

HEFT 325
Prof. Dr. E. Schratz, Münster
Pharmakognostische Untersuchungen am Medizinal-Rhabarber
1957, 62 Seiten, 29 Abb., 3 Tabellen, DM 17,90

HEFT 326
Prof. Dr.-Ing. E. Essers und Mitarbeiter, Aachen
Deichselkräfte an Lastzügen
1957, 96 Seiten, 34 Abb., DM 22,10

HEFT 327
*Prof. Dr.-Ing. habil. K. Krekeler und
Dr.-Ing. H. Peukert, Aachen*
Beitrag zur thermoelastischen Formbarkeit von Polyäthylen
1956, 56 Seiten, 49 Abb., 9 Tabellen, DM 12,80

HEFT 328
Dr. H. Maeder, Belo Horizonte
Schweißen von Temperguß
1957, 92 Seiten, 59 Abb., 42 Tabellen, DM 25,50

HEFT 329
*Dipl.-Ing. A. Krüger, Karlsruhe, und Feuerwehr-Ing.
R. Radusch, Dortmund*
Wasserzerstäubung im Strahlrohr
1956, 86 Seiten, 21 Abb., 3 Tabellen, DM 18,65

HEFT 330
Dipl.-Physiker E. Pepping, Aachen
Die Durchflußzahl des Rechteckschlitzes in einer sehr großen Wand
1957, 54 Seiten, 21 Abb., DM 12,35

HEFT 331
Dipl.-Ing. G. Bretschneider, Ruit
Die Messung der wiederkehrenden Spannung mit Hilfe des Netzmodelles
1957, 46 Seiten, 21 Abb., 2 Tab., DM 11,20

HEFT 332
Prof. Dr. R. Jaeckel und Dr. G. Reich, Bonn
Messung von Dampfdrucken im Gebiet unter 10^{-2} Torr
1956, 42 Seiten, 16 Abb., 2 Tabellen, DM 10,40

HEFT 333
*Prof. Dipl.-Ing. W. Sturtzel und
Dr.-Ing. W. Graff, Duisburg*
I. Der Flachwassereinfluß auf den Form- und Reibungswiderstand von Binnenschiffen
II. Der Flachwassereinfluß auf die Nachstrom- und Sogverhältnisse bei Binnenschiffen
1956, 44 Seiten, 14 Abb., DM 9,80

HEFT 334
Prof. Dr. W. Weizel und Dr. G. Meister, Bonn
Spektralanalyse durch Messung des Interferenz-Kontrastes
1956, 42 Seiten, DM 9,30

HEFT 335
Prof. Dr. W. Weizel und H. Hornberg, Bonn
Untersuchungen der anodischen Teile einer Glimmentladung
1957, 62 Seiten, 14 Farbabb., 21 Abb., 1 Tab., DM 32,80

HEFT 336
Dr. Tung-ping Yao, Aachen
Die Viskosität metallischer Schmelzen
1957, 64 Seiten, 28 Abb., 2 Tab., DM 14,40

HEFT 337
Dr. R. Hoeppener und Dr. W. Bierther, Bonn
Tektonik und Lagestätten im Rheinischen Schiefergebirge
1957, 66 Seiten, 14 Abb., DM 16,25

HEFT 338
*Prof. Dr.-Ing. W. Wegener, Aachen, und
Dipl.-Ing. J. Schneider, M.-Gladbach*
Die Bedeutung der Knotenart für die Herabminderung der Fadenbrüche
1957, 40 Seiten, 6 Abb., DM 9,80

HEFT 339
*Prof. Dr.-Ing. W. Wegener und
Dipl.-Ing. W. Zahn, Aachen*
Vergleich des normalen mit verschiedenen abgekürzten Baumwollspinnverfahren in bezug auf Gleichmäßigkeit und Sortierungsstreuung der Garne
1956, 56 Seiten, 17 Abb., 17 Tabellen, DM 12,70

HEFT 340
Dipl.-Ing. W. Rohs und Dipl.-Ing. R. Otto, Bielefeld
Das Naßspinnen von Bastfasergarnen mit Spinnbadzusätzen unter Ausnutzung einer zentralen Spinnwasserversorgungsanlage
1956, 56 Seiten, 2 Abb., 6 Tabellen, DM 11,60

HEFT 341
Prof. Dr.-Ing. H. Winterhager und Dipl.-Ing. L. Werner, Aachen
Präzisions-Meßverfahren zur Bestimmung des elektrischen Leitvermögens geschmolzener Salze
1956, 44 Seiten, 19 Abb., 1 Tabelle, DM 10,60

HEFT 342
Prof. Dr.-Ing. H. Winterhager und Dipl.-Ing. W. Barthel, Aachen
Die Gewinnung von Titanschlackenkonzentraten aus eisenreichen Ilmeniten
1957, 60 Seiten, 30 Abb., 6 Tab., DM 13,30

HEFT 343
*Prof. Dr.-Ing. W. Petersen, Aachen, und Dipl.-Ing.
S. Wawroschek, Aachen*
Die zweckmäßigsten Gütebestimmungsverfahren und Brikettierungsbedingungen bei der Erzeugung von Braunkohlen-Eisenerz-Briketts
1956, 64 Seiten, 28 Abb., DM 13,95

HEFT 344
Prof. Dr.-Ing. W. Fucks, Aachen
Zur Deutung einfachster mathematischer Sprachcharakteristiken
1956, 38 Seiten, 12 Abb., DM 7,80

HEFT 345
Dipl.-Ing. G. Cerbe und Dipl.-Ing. H. Monstadt, Essen
Konvektive Trocknung mit gasbeheizter Luft und Trocknung durch Gasstrahler
1957, 46 Seiten, 16 Abb., DM 10,40

HEFT 346
Dipl.-Ing. O. Arnold, Aachen
Erfahrungen mit Kernbohrungen zur Lagerstättenuntersuchung im Erzbergbau
1957, 36 Seiten, 2 Abb., 3 Falttaf. 6 Tab., DM 8,80

HEFT 347
S. Ruff, F. Kipp, H. Hansteen und G. Müller, Bonn
Untersuchungen zur Frage der Gehörschädigungen des fliegenden Personals der Propellerflugzeuge
1957, 50 Seiten, 27 Abb., 3 Tab., DM 11,10

HEFT 348
*Prof. Dr.-Ing. E. Piwowarsky
und Dr.-Ing. G. Nickel, Aachen*
Metallurgie eines hochwertigen Gußeisens mit kompakter bis kugelförmiger Graphitausbildung
1957, 54 Seiten, 27 Abb., 5 Tab., DM 13,30

HEFT 349
*Dr.-Ing. W. A. Fischer, Dr.-Ing. H. Treppschuh
und Dr.-Ing. K. H. Köthemann, Düsseldorf*
Tiegel aus Schmelzmagnesia für Vakuuminduktionsöfen
1957, 34 Seiten, 14 Abb., DM 8,40

HEFT 350
*Prof. Dr.-Ing. habil. K. Krekeler
und Dr.-Ing. H. Peukert, Aachen*
Das Spannungsverhalten der Kunststoffe bei der Verarbeitung
1958, 32 Seiten, 12 Abb., DM 20,—

HEFT 351
*Prof. Dr.-Ing. H. Opitz, Dipl.-Ing. H. Axer und
Dipl.-Ing. H. Rhode, Aachen*
Zerspanbarkeit hochwarmfester und nichtrostender Stähle. Teil I
1957, 96 Seiten, 73 Abb., 2 Tab., DM 21,80

HEFT 352
Dipl.-Ing. H. Fauser, Aachen
Fahrdynamik und Batterie-Arbeitsverbrauch von Akkumulatorenlokomotiven im Untertagebetrieb
1957, 152 Seiten, 78 Abb., DM 36,10

HEFT 353
Forschungsinstitut für Rationalisierung, Aachen
Schlagwortregister zur Rationalisierung
1957, 376 Seiten, DM 56,—

HEFT 354
Dipl.-Ing. D. Wagener, Aachen
Auswirkungen neuer Gaserzeugungs-Verfahren unter Berücksichtigung der Auswirkung auf den Kokereibetrieb
in Vorbereitung

HEFT 355
*Prof. Dr.-Ing. habil. K. Krekeler, Dr.-Ing. H. Peukert und
Dipl.-Ing. A. Kleine-Albers, Aachen*
Heißgas-Schweißungen von Weich-Polyvinylchlorid mit Zusatzwerkstoff
1957, 44 Seiten, 19 Abb., DM 11,—

HEFT 356
Dipl.-Phys. G. Gurke, Aachen
Aufbau einer Meßanlage für Untersuchungen elektrischer Gasentladung im Bereiche großer p. d.-Werte
1956, 38 Seiten, 13 Abb., DM 8,65

HEFT 357
Prof. Dr.-Ing. W. Fucks, Aachen
Mathematische Analyse der Formalstruktur von Musik
1958, 54 Seiten, 29 Abb., 16 Tabellen, DM 13,60

HEFT 358
*Prof. Dr. rer. nat. W. Weltzien, Dipl.-Chem. P. Ringel
und Text.-Ing. H. Kirchhoff, Krefeld*
Die Waschechtheit von Färbungen. Vergleichende Untersuchungen auf dem Gebiete der Echtheitsprüfung
1958, 62 Seiten, 12 farb. Abb., DM 58,—

HEFT 359
Dr.-Ing. F. J. Meister, Düsseldorf
Veränderung der Hörschärfe, Lautheitsempfindung und Sprachaufnahme während des Arbeitsprozesses bei Lärmarbeitern
*1957, 84 Seiten, 11 Abb., 40 Audiogramme,
41 Tab., DM 19,90*

HEFT 360
Dr.-Ing. E. Barz, Remscheid
Fertigungsverfahren und Spannungsverlauf bei Kreissägeblättern für Holz
1957, 72 Seiten, 40 Abb., DM 17,—

HEFT 361
Dipl.-Ing. H. F. Klein, Aachen
Die nichtstationären Strömungsvorgänge und Wärmeübergang in einem Schwingfeuergerät
1957, 84 Seiten, 34 Abb., 4 Falttafeln, DM 25,90

HEFT 362
*Prof. Dr. med. G. Lehmann und Dipl.-Phys.
D. Dieckmann, Dortmund*
Die Wirkung mechanischer Schwingungen (0,5 bis 100 Hertz) auf den Menschen
1957, 100 Seiten, 53 Abb., 6 Tab., DM 22,50

WESTDEUTSCHER VERLAG · KÖLN UND OPLADEN

HEFT 363
Dr.-Ing. U. Domm, Frankenthal (Pfalz)
Über eine Hypothese, die den Mechanismus der Turbulenz-Entstehung betrifft
1956, 28 Seiten, 4 Abb., DM 6,45

HEFT 364
Prof. Dr. Th. Beste, Köln
Die Mehrkosten bei der Herstellung ungängiger Erzeugnisse im Vergleich zur Herstellung vereinheitlichter Erzeugnisse
1957, 352 Seiten, DM 50,—

HEFT 365
Sozialforschungsstelle an der Universität Münster, Dortmund
Standort und Wohnort
*1957, Textband: 350 Seiten, 28 Karten, 73 Tab.
Anlageband: 15 Karten, 21 Tab., DM 99,—*

HEFT 366
Versuchsanstalt für Binnenschiffbau e. V., Duisburg
Bei Flachwasserfahrten durch die Strömungsverteilung am Boden und an den Seiten stattfindende Beeinflussung des Reibungswiderstandes von Schiffen
1957, 96 Seiten, 39 Abb., 28 Tab., DM 20,40

HEFT 367
Dr. rer. nat. D. Horstmann, Düsseldorf
Der Angriff eisengesättigter Zinkschmelzen auf kohlenstoff-, schwefel- und phosphorhaltiges Eisen
1957, 52 Seiten, 22 Abb., 6 Tab., DM 12,85

HEFT 368
Prof. Dr. phil. H. Kaiser, Dortmund
Entwicklung betriebsmäßiger spektrochemischer Analysenverfahren für technische Gläser
1957, 40 Seiten, 11 Abb., DM 9,10

HEFT 369
Prof. Dr.-Ing. R. Jaeckel und Dipl.-Phys. F. J. Schittko, Bonn
Gasabgabe von Werkstoffen ins Vakuum
1957, 48 Seiten, 20 Abb., 6 Tab., DM 13,30

HEFT 370
Dr. phil. habil. F. Schwarz, Köln
Physikochemische Grundlagen der Bildsamkeit von Kalken unter Einbeziehung des Begriffes der aktiven Oberfläche
in Vorbereitung

HEFT 371
Dr. phil. W. Lejeune, Köln
Beitrag zur statistischen Verifikation der Minderheiten-Theorie
1958, 80 Seiten, 14 Abb., DM 17,90

HEFT 372
Prof. Dr. phil. M. von Stackelberg, Bonn
Untersuchungen zur Ausarbeitung und Verbesserung von polarographischen Analysenmethoden. 2. Bericht
1957, 44 Seiten, 9 Abb., 7 Tab., DM 10,10

HEFT 373
Dipl.-Ing. H. J. Koch, Essen
Druckgasfeuerung — ein Verfahren zum Betrieb von Gasfeuerstätten
1957, 38 Seiten, 8 Abb., 10 Tab., DM 8,50

HEFT 374
Dr. E. Paproth, Krefeld
Paläontologische Bearbeitung der in den devonischen Schichten des Siegerlandes enthaltenen Faunen
1957, 38 Seiten, 3 Tab., DM 8,30

HEFT 375
Technischer Überwachungsverein e. V., Essen
Wanddickenmessungen mittels radioaktiver Strahlen und Zählrohrgerät
1958, 38 Seiten, 15 Abb., DM 9,55

HEFT 376
Technischer Überwachungsverein e. V., Essen
Wasserumlaufprobleme an Hochdruckkesseln
1958, 140 Seiten, 56 Abb., 8 Tabellen DM 32,60

HEFT 377
Technischer Überwachungsverein e. V., Essen
Versuche an Wanderrostkesseln mit befeuchteter Verbrennungsluft
1958, 50 Seiten, 19 Abb., 3 Tabellen., DM 12,20

HEFT 378
Oberingenieur H. Stein, M.-Gladbach
Beobachtung und maßtechnische Erfassung der Vorgänge im Spinn- und Aufwindefeld von Ringspinn- und Ringzwirnmaschinen
1957, 104 Seiten, 88 Abb., 3 Tabellen, DM 26,90

HEFT 379
Laboratorium für textile Meßtechnik, M.-Gladbach
Schußfadenspannung beim Weben
1957, 76 Seiten, 17 Abb., 3 Tabellen, DM 18,60

HEFT 380
Dipl.-Phys. R. Trappenberg, Karlsruhe
Theoretische und experimentelle Untersuchungen zur Staubverteilung einer Rauchfahne
1957, 64 Seiten, 7 Abb., 18 Tabellen, DM 14,90

HEFT 381
Dr. J. Juilfs, Krefeld
Zur Dichtebestimmung von Fasern. Methoden und Beispiele der praktischen Anwendung
1957, 76 Seiten, 34 Abb., 18 Tabellen, DM 17,—

HEFT 382
Dr. phil. habil. P. Hölemann, Ing. R. Hasselmann und Ing. G. Dix, Dortmund
Die Messung von Flammen und Detonationsgeschwindigkeiten bei der explosiven Zersetzung von Acetylen in Rohren
1957, 36 Seiten, 7 Abb., 4 Tab., DM 8,10

HEFT 383
Dr. phil. habil. P. Hölemann und Ing. R. Hasselmann, Dortmund
Verlauf von Azetylenexplosionen in Rohren bei Gegenwart von porösen Massen
1957, 68 Seiten, 10 Abb., 15 Tabellen, DM 16,60

HEFT 384
Prof. Dr.-Ing. H. Opitz, Aachen
Schwingungsuntersuchungen an Werkzeugmaschinen
in Vorbereitung

HEFT 385
Prof. Dr.-Ing. H. Opitz, Aachen
Zerspanbarkeit hochwarmfester und nichtrostender Stähle. Teil II
1957, 86 Seiten, 54 Abb., 5 Tabellen, DM 19,30

HEFT 386
Prof. Dr.-Ing. H. Opitz, Aachen
Standzeituntersuchungen und Verschleißmessungen mit radioaktiven Isotopen
1958, 50 Seiten, 33 Abb., 3 Tabellen, DM 12,75

HEFT 387
Prof. Dr. med. W. Kikuth und Dozent Dr. med. L. Grün, Düsseldorf
Die Verhütung von Infektion durch Desinfektion des Raumes und der Raumluft
1957, 96 Seiten, 14 Abb., 20 Tab., DM 22,50

HEFT 388
Prof. Dr. rer. nat. habil. W. Baumeister und Dr. rer. nat. H. Burghardt, Münster
Die Bedeutung der Elemente Zink und Fluor für das Pflanzenwachstum
1957, 48 Seiten, 17 Tab. DM 10,20

HEFT 389
Prof. Dr.-Ing. habil. H. Fink und K. W. Hoppenhaus, Köln
Die biologische Eiweiß-Synthese von höheren und niederen Pilzen und die alimentäre Lebernekrose der Ratte
1957, 76 Seiten, 2 Abb., 24 Tab., DM 15,60

HEFT 390
Dr.-Ing. J. Endres und Dr.-Ing. G. Hiebel, München
Berechnung der optimalen Leistungen, Kraftstoffverbräuche und Wirkungsgrade von Luftfahrt-Gasturbinen-Triebwerken am Boden und in der Höhe bei Fluggeschwindigkeiten von 0—2000 km/h und bei vorgegebenen Düsenausströmgeschwindigkeiten
1958, 130 Seiten, 16 Abb., DM 24,90

HEFT 391
Prof. Dr. phil. F. Wever, Dr. phil. W. Koch und Dipl.-Chem. F. Stricker, Düsseldorf
Die quantitative spektrographische Analyse von Gasgemischen aus Kohlenmonoxyd, Wasserstoff und Stickstoff
1957, 48 Seiten, 21 Abb., 3 Tab., DM 11,30

HEFT 392
Prof. Dr. phil. F. Wever u. a., Düsseldorf
Untersuchungen über den Konverterrauch im Hinblick auf die spektrale Überwachung des Thomasprozesses
1957, 48 Seiten, 14 Abb., 4 Tab., DM 12,10

HEFT 393
Dr.-Ing. O. Viertel und S. Brückner-Lucas, Krefeld
Arbeitszeitstudien an Haushaltwaschmaschinen
1957, 74 Seiten, 8 Abb., 13 Tab., DM 17,30

HEFT 394
Privatdozent Dr. med. W. Koch, Münster
Die Ablagerung radioaktiver Substanzen im Knochen
1958, 264 Seiten, 147 Abb., DM 51,00

HEFT 395
Dipl.-Ing. L. Hahn, Clausthal-Zellerfeld
Untersuchungen zur Frage des optimalen Bohrloch- und Patronendurchmessers
1957, 132 Seiten, 49 Abb., 19 Tab., DM 31,25

HEFT 396
Prof. Dr.-Ing. F. Schultz-Grunow, Dr.-Ing. A. Jogerich, Essen, Dipl.-Ing. H. Meyer, cand. ing. P. Sand, Aachen
Untersuchungen des Luftwiderstandes von Güterwagen
1957, 42 Seiten, 18 Abb., 5 Tab., DM 10,90

HEFT 397
Techn.-Wissenschaftliches Büro für die Bastfaserindustrie, Bielefeld
Ungleichmäßigkeiten in Bändern von Bastfaserkarden, ihre Ursachen und Auswirkungen
1957, 60 Seiten, 18 Abb., 1 Tab., DM 14,80

HEFT 398
Prof. Dr. habil. H. E. Schwiete, Aachen, u. a.
Einlagerungsversuche an synthetischen Mullit I. — Die Zusammensetzung der Schmelzphase in Schamottesteinen I
1957, 58 Seiten, 6 Abb., 9 Tab., DM 14,40

HEFT 399
Prof. Dr. habil. H. E. Schwiete und Dr.-Ing. R. Vinkeloe, Aachen
Möglichkeiten der quantitativen Mineralanalyse mit dem Zählrohrgerät unter besonderer Berücksichtigung der Mineralgehaltsbestimmung von Tonen
1958, 102 Seiten, 34 Abb., 1 Tabelle, DM 26,70

HEFT 400
Prof. Dr. phil. W. Fuchs und Dipl.-Chem. H. Weyerstrass, Aachen
Entwicklung eines Heißfilters zur Reinigung von Gichtgas eines mit Kohle betriebenen Niederschachtofens
1958, 88 Seiten, 30 Abb., DM 20,20

HEFT 401
Prof. Dr.-Ing. M. Lipp und Dipl.-Chem. G. Frielingsdorf, Aachen
Darstellung reaktionsfähiger Verbindungen des Camphansystems und Versuche zu deren Fluorierung
1957, 84 Seiten, DM 17,—

HEFT 402
Prof. Dr. W. Linke, Aachen
Die Wärmeübertragung durch Thermopane-Fenster
1958, 44 Seiten, 17 Abb., 2 Tabellen, DM 10,80

HEFT 403
Prof. Dr.-Ing. P. Denzel und Dipl.-Ing. W. Cremer, Aachen
Verbesserung der Benutzungsdauer der Höchstlast in ländlichen Netzen durch Anwendung elektrischer Geräte in der Landwirtschaft
1957, 46 Seiten, 23 Abb., DM 12,10

HEFT 404
Prof. Dr. R. Jaeckel und Dipl.-Phys. F. Gross, Bonn
Die Löslichkeit von Gasen in schwerflüchtigen organischen Flüssigkeiten
1957, 46 Seiten, 17 Abb., 1 Tab., DM 11,50

HEFT 405
Prof. Dr.-Ing. H. Opitz und Dipl.-Ing. H. Schuler, Aachen
Untersuchungen für einen Wirtschaftlichkeitsvergleich der Feinbearbeitungsverfahren
1958, 72 Seiten, 43 Abb., DM 17,90

HEFT 406
W. Kirsch, Remscheid
Entwicklungsarbeiten auf dem Gebiete des Korrosionsschutzes
1957, 86 Seiten, 28 Abb., 11 Tabellen, DM 19,—

HEFT 407
Prof. Dr.-Ing. H. Schenk, Aachen, und Dr.-Ing. W. Wenzel, Bad Godesberg
Entwicklungsarbeiten auf dem Gebiete der Verhüttung von Erzstaub in Schmelzkammern
1957, 82 Seiten, 9 Abb., 18 Tabellen, DM 17,10

HEFT 408
Prof. Dr. phil. F. Wever, Dr.-Ing. W. Lueg und Dr.-Ing. H. G. Müller, Düsseldorf
Kraft- und Arbeitsbedarf beim Warmscheren von Stahl in Abhängigkeit von Temperatur und Schnittgeschwindigkeit
1957, 46 Seiten, 15 Abb., 3 Tab., DM 11,35

WESTDEUTSCHER VERLAG · KÖLN UND OPLADEN

HEFT 409
Prof. Dr. phil. F. Wever, Dr. phil. W. Koch, Dr. rer. nat. Ch. Ilschner-Gensch und Dipl.-Phys. H. Rohde, Düsseldorf
Das Auftreten eines kubischen Nitrids in aluminiumlegierten Stählen
1957, 38 Seiten, 12 Abb., 3 Tabellen, DM 10,10

HEFT 410
Prof. Dr. phil. F. Wever, Prof. Dr. rer. techn. A. Kochendörfer, Dr. phil. nat. M. Hempel, Düsseldorf und Dipl.-Phys. E. Hillenhagen, Köln
Biegewechselversuche mit Flachproben aus Alpha-Eisen-Einkristallen zur Bestimmung der Wechselfestigkeit und der Gleitspuren
1957, 112 Seiten, 58 Abb., 3 Tabellen, DM 30,—

HEFT 411.
Prof. Dr. W. Halbsguth und Dr. L. Sommer, Frankfurt/M.
Grundlegende Versuche zur Keimungsphysiologie von Pilzsporen
1957, 100 Seiten, 13 Abb., 32 Tabellen., DM 22,70

HEFT 412
Prof. Dr.-Ing. H. Opitz, Aachen
Kennwerte und Leistungsbedarf für Werkzeugmaschinengetriebe
1958, 72 Seiten, 35 Abb., DM 17,20

HEFT 413
Prof. Dr.-Ing. H. Opitz, Aachen
Richtwerte für das Fräsen von unlegierten und legierten Baustählen mit Hartmetall, Teil II
1957, 56 Seiten, 35 Abb., 4 Tabellen, DM 14,40

HEFT 414
Dr. med. H.-K. Parchwitz und Dr. med. C. Winkler, Bonn
Speicherung organischer Farbstoffe und künstlich radioaktiver Substanzen in Geschwülsten
1958, 46 Seiten, 14 Abb., DM 13,35

HEFT 415
Prof. Dr.-Ing. W. Paul, Dr. rer. nat. O. Osberghaus und Dipl.-Phys. E. Fischer, Bonn
Ein Ionenkäfig
1958, 56 Seiten, 18 Abb., DM 13,65

HEFT 416
Oberreg.-Gewerberat Dipl.-Ing. G. Steinicke, Hamburg
Die Wirkung von Lärm auf den Schlaf des Menschen
1957, 46 Seiten, 14 Abb., 8 Tab., DM 11,60

HEFT 417
Prof. Dr.-Ing. habil. E. Rößger, Berlin
I. Teil: Die Entwicklung des Weltluftverkehrs, Ergänzungsbericht 1954
II. Teil: Die zivile Luftfahrtpolitik der USA
1957, 230 Seiten, 6 Abb., 83 Tab., DM 48,—

HEFT 418
O. Gdaniec, Mülheim/Ruhr
Über die Randlochkarte als Hilfsmittel in der Dokumentation
1957, 44 Seiten, 15 Abb., 8 Tab., DM 10,10

HEFT 419
Dipl.-Ing. K. Brooks
Die Messungen der Reflexionseigenschaften künstlicher und natürlicher Materialien mit quasi-optischen Methoden bei Mikrowellen
1957, 78 Seiten, 52 Abb., DM 20,35

HEFT 420
Dipl.-Ing. M. Vogel, Oberpfaffenhofen
Das Spektralgebiet zwischen dem langwelligen Ultrarot und Mikrowellen
1957, 66 Seiten, 2 Abb., DM 13,50

HEFT 421
ORR Dipl.-Volkswirt Dr. H. Rogmann, Düsseldorf
Die Erforschung der Verkehrskonjunktur und der langzeitigen Dynamik in der Verkehrswirtschaft (Zusammenfassung der eingegangenen Stellungnahmen und Vorschläge)
1957, 168 Seiten, 3 Falttafeln, DM 26,60

HEFT 422
Prof. Dr.-Ing. K. Leist und Dipl.-Ing. W. Dettmering, Aachen
Prüfstände zur Messung der Druckverteilung an rotierenden Schaufeln
in Vorbereitung

HEFT 423
Prof. Dr.-Ing. K. Leist und Dr.-Ing. O. Thun, Aachen
Strömungsmessungen über Brennkammer-Wirkungsgrade
in Vorbereitung

HEFT 424
Prof. Dr.-Ing. K. Leist und Dipl.-Ing. I. Weber, Aachen
Spannungsoptische Untersuchungen von rotierenden Scheiben mit exzentrischen Bohrungen
1958, 74 Seiten, 80 Abb., 7 Tab., DM 22,65

HEFT 425
Dipl.-Ing. H. Lübke, Hamburg
Gasturbinen und Strahlantriebe für Hubschrauber
1958, 120 Seiten, 70 Abb., 9 Falttafeln, 1 Tab., DM 30,40

HEFT 426
Dr.-Ing. H. Opitz und Dipl.-Ing. W. Scholz, Aachen
Untersuchungen über den Räumvorgang
1957, 74 Seiten, 36 Abb., 7 Tab., DM 16,55

HEFT 427
Dr.-Ing. J. Endres, München
Kinematische Untersuchung eines Zweitakt-Hochleistungs-Dieseltriebwerks mit achsparallelen Zylindern und gegenläufigen Kolben
1958, 46 Seiten, 15 Abb., DM 11,55

HEFT 428
Dr.-Ing. J. Endres, München
Untersuchungen der Beschleunigungsverhältnisse eines Zweitakt-Hochleistungs-Dieseltriebwerks mit achsparallelen Zylindern und gegenläufigen Kolben
in Vorbereitung

HEFT 429
Prof. Dr. O. Kuhn, Köln
Selektive Wirkung verschiedener Stoffgruppen auf tierische Gewebe
1957, 54 Seiten, 32 Abb., DM 13,15

HEFT 430
Prof. Dr. G. Garbotz, Aachen und Dr.-Ing. G. Dress, Cadiz
Untersuchungen über das Kräftespiel an Flachbagger-Schneidwerkzeugen in Mittelsand und schwach bindigem, sandigem Schluff unter besonderer Berücksichtigung der Planierschilde und ebenen Schürfkübelschneiden
1958, 156 Seiten, 81 Abb., DM 37,50

HEFT 431
Prof. Dr.-Ing. H. Winterhager, Dr.-Ing. R. Kammel und Dipl.-Ing. W. Barthel, Aachen
Fortschritte auf dem Gebiet der Titanmetallurgie 1950—1955
1957, 160 Seiten, DM 34,50

HEFT 432
Dipl.-Phys. R. Werz, Bonn
Die Entwicklung einer Synchrozyklotron-Ionenquelle
1958, 122 Seiten, 90 Abb., 1 Tabelle, DM 30,30

HEFT 433
Dr.-Ing. G. Satlow, Aachen
Über einige physikalische und chemische Eigenschaften der Wolle von der gewaschenen Wolle bis zum Kammzug
1957, 72 Seiten, 15 Abb., 19 Tab., DM 15,25

HEFT 434
Dipl.-Ing. W. Rohs und Dr. J. Geurten, Bielefeld
Schlichten für Baumwollgarne
1957, 108 Seiten, 3 Abb., zahlreiche Tab., DM 23,70

HEFT 435
Dipl.-Ing. W. Rohs und Dipl.-Ing. L. Steinmetz, Bielefeld
Die Masseungleichmäßigkeit von Flachstreckenbändern in Abhängigkeit von Verzug und Dopplung
1957, 42 Seiten, 4 Abb., 2 Tabellen, DM 9,90

HEFT 436
Priv.-Doz. Dr. habil. J. Juilfs, Krefeld
Zur Bestimmung der Reißlast (Zugfestigkeit) von Fasern, Fäden und Garnen
in Vorbereitung

HEFT 437
Prof. Dr. G. Schmölders und Dr. I. Meyer, Köln
Geldwertbewußtsein und Münzpolitik. — Das sogenannte Gresham'sche Gesetz im Lichte der ökonomischen Verhaltensforschung
1957, 92 Seiten, DM 20,30

HEFT 438
Prof. Dr.-Ing. H. Winterhager und Dr.-Ing. L. Werner, Aachen
Bestimmung des elektrischen Leitvermögens geschmolzener Fluoride
1957, 52 Seiten, 18 Abb., 10 Tab., DM 11,90

HEFT 439
Prof. Dr. phil. H. Lange, Köln und Dr. rer. nat. R. Kohlhaas, Neuß/Rh.
Anwendung der thermomagnetischen Analyse zum Studium des Umwandlungsverhaltens von Eisenwerkstoffen im Temperaturbereich von —150°C bis +1500°C
1958, 108 Seiten, 72 Abb., 2 Tabellen, DM 27,10

HEFT 440
Dr.-Ing. H. Wolf, Aachen
Gekoppelte Hochfrequenzleitungen als Richtkoppler
1958, 122 Seiten, 44 Abb., DM 31,60

HEFT 441
Dr. phil. habil. P. Hölemann und Ing. R. Hasselmann, Düsseldorf
Messung des Temperatur- und Druckverlaufes beim Füllen und Entspannen von Dissousgas
1957, 52 Seiten, 6 Abb., 7 Tab., DM 11,25

HEFT 442
Dipl.-Ing. W. Rohs, Text.-Ing. Griese und Text.-Ing. W. Lauer, Bielefeld
Die Auswirkungen der Trocknungsart naßgesponnener Leinengarne auf deren Verarbeitungswirkungsgrad sowie auf die Festigkeits- und Dehnungseigenschaften der Garne und Gewebe
1957, 28 Seiten, 2 Abb., 3 Tab., DM 6,50

HEFT 443
Prof. Dr. phil. W. Weizel und K. Kluth, Bonn
Über die Struktur der positiven Gleitentladungen
1957, 44 Seiten, 30 Abb., DM 12,20

HEFT 444
Dr.-Ing. W. Wilhelm, Aachen
Einfluß der Saugrohrabmessung, der Einlaßsteuerlage und der Größe des Kurbelkastenvolumens auf den Ladungswechsel eines Einzylinder-Zweitakt-Dieselmotors
1958, 104 Seiten, 22 Abb., DM 22,40

HEFT 445
Dr.-Ing. E. Barz, Remscheid
Fertigungs- und Prüfverfahren für Feilen
vergriffen

HEFT 446
Dr. med. G. Schäfer
Glutationsstoffwechsel und Sauerstoffmangel
1957, 28 Seiten, 5 Tab., DM 6,40

HEFT 447
Prof. Dr.-Ing. F. Bollenrath, Aachen, Dr.-Ing. H. Füllenbach, Seesen/Harz und Dipl.-Ing. J. Schumacher, Neubeckum/Westf.
Entwicklung rationell arbeitender Spritzkabinen
1958, 56 Seiten, 26 Abb., DM 13,55

HEFT 448
Dr. med. C. Winkler, Bonn
Ein Koinzidenz-Szintillometer zum Zwecke der Schilddrüsenfunktionsdiagnostik und der Tumordiagnostik
1957, 32 Seiten, 12 Abb., DM 8,35

HEFT 449
Priv.-Doz. Oberbaurat Dr.-Ing. W. Meyer zur Capellen und Mitarbeiter, Aachen
Bewegungsverhältnisse an der geschränkten Schubkurbel
in Vorbereitung

HEFT 450
Prof. Dr.-Ing. W. Paul, Bonn, und Dipl.-Phys. H. P. Reinhard, M.-Gladbach
Das elektrische Massenfilter als Isotopentrenner
1958, 56 Seiten, 20 Abb., DM 13,50

HEFT 451
Prof. Dr. G. Schmölders, Köln
Rationalisierung und Steuersystem
1957, 78 Seiten, DM 17,15

HEFT 452
Prof. Dr. rer. nat. W. Weltzien und Dr. phil. K. Windeck, Krefeld
Veränderungen an Fasern bei der Bleiche mit Natriumchlorid und über einige Vergilbungserscheinungen
1957, 64 Seiten, 3 Abb., 13 Tabellen, DM 14,85

HEFT 453
Forschungsinstitut der Feuerfest-Industrie, Bonn
Die Arbeiten der technisch-wissenschaftlichen Kommission der PRE (Vereinigung der europäischen Feuerfest-Industrie)
1957, 62 Seiten, 9 Abb., 18 Tabellen, DM 14,75

HEFT 454
Dr.-Ing. W. Piepenburg, Dipl.-Ing. B. Bühling und Bauing. J. Behnke, Köln
Haftfestigkeit der Putzmörtel
1958, 128 Seiten, 6 Abb., 63 Tabellen, DM 28,30

WESTDEUTSCHER VERLAG · KÖLN UND OPLADEN

HEFT 455
Dr.-Ing. W. A. Fischer, Dr.-Ing. H. Treppschuh und Dipl.-Phys. R. H. Köthemann, Düsseldorf
Erschmelzung von Reinsteisen nach dem Kohlenstoffproduktionsverfahren und Kerbschlagzähigkeit-Temperatur-Kurven dieses Eisens
1957, 38 Seiten, 7 Abb., 6 Tabellen, DM 9,35

HEFT 456
Priv.-Doz. Dir. Dr.-Ing. K. Bungardt, Essen
Zeitstandversuche an austenitischen Stählen und Legierungen
in Vorbereitung

HEFT 457
Prof. Dr. phil. F. Wever, Düsseldorf und Dr. phil. W. Wepner, Köln
Dämpfungsmessungen an schwach gereckten Eisen-Kohlenstoff-Legierungen
1957, 34 Seiten, 7 Abb., 3 Tab., DM 8,40

HEFT 458
Prof. Dr.-Ing. H. Schenck und Dr.-Ing. E. Schmidtmann, Aachen
Das Frischen von Thomas-Roheisen mit Sauerstoff-Wasserdampf-Gemischen und die Eigenschaften der damit erblasenen Stähle
1957, 62 Seiten, 56 Abb., DM 16,35

HEFT 459
Prof. Dr. phil. F. Wever, Dr. phil. O. Krisement und Hanna Schädler, Düsseldorf
Ein isothermes Mikrokalorimeter zur kinetischen Messung von Umwandlungs- und Ausscheidungsvorgängen in Legierungen
1957, 44 Seiten, 14 Abb., DM 10,75

HEFT 460
Prof. Dr. phil. F. Wever und Dr. rer. nat. B. Ilschner, Düsseldorf
Ein isothermes Lösungskalorimeter zur Bestimmung thermo-dynamischer Zustandsgrößen von Legierungen
1957, 44 Seiten, 7 Abb., 4 Tabellen, DM 10,40

HEFT 461
Prof. Dr.-Ing. habil. E. Piwowarski †, Prof. Dr.-Ing. W. Patterson und Dipl.-Ing. F. W. Iske, Aachen
Verbesserung der Zähigkeitseigenschaften von Bessemer-Stahlguß
1958, 54 Seiten, 15 Abb., 16 Tabellen, DM 12,75

HEFT 462
Prof. Dr. rer. nat. J. Weissinger
Zur Aerodynamik des Ringflügels — II. Die Ruderwirkung
Zur Aerodynamik des Ringflügels — III. Der Einfluß der Profildicken
1957, 82 Seiten, 7 Abb., 6 Tabellen, DM 18,20

HEFT 463
Dipl.-Ing. G. Plüss, Essen-Steele
Die Aufteilung der verbrennlichen Bestandteile in Verbrennungsgasen auf CO und H_2 bei Verbrennung mit Luftunterschuß und bei Luftüberschuß und künstlicher Flammenkühlung
1957, 34 Seiten, 7 Abb., 2 Tabellen, DM 8,40

HEFT 464
Dr. phil. habil. P. Hölemann und Ing. R. Hasselmann, Dortmund
Die Möglichkeit der Zündung von Acetylen in Rohrleitungen beim Ausblasen mit Stickstoff
1957, 38 Seiten, 6 Abb., 6 Tabellen, DM 9,20

HEFT 465
Dr.-Ing. R. Koch, Köln
Amerikanische Fertigungsunterlagen und ihre Werkstattreifmachung für deutsche Betriebe
in Vorbereitung

HEFT 466
Prof. Dr.-Ing. J. Mathieu, Aachen
Überbetrieblicher Verfahrensvergleich
1958, 68 Seiten, 16 Abb., DM 16,65

HEFT 467
Prof. Dr. Dr. h. c. E. Klenk und Dr. phil. H. Faillard, Köln
Neue Erkenntnisse über den Mechanismus der Zellinfektion durch Influenzavirus
Die Bedeutung der Neuraminsäure als Zellreceptor für das Influenzavirus
1957, 52 Seiten, 5 Abb., DM 14,40

HEFT 468
Prof. Dr. med. Dr. med. dent. G. Korkhaus und Dr. med. R. Alfter, Bonn
Die Vakuumwurzelbehandlung
1958, 52 Seiten, 51 Abb., DM 16,55

HEFT 469
Dr. sc. agr. F. Riemann und Dipl.-Volksw. R. Hengstenberg, Göttingen
Zur Industrialisierung kleinbäuerlicher Räume
1957, 138 Seiten, 4 Karten, 23 Tab., DM 27,—

HEFT 470
O. Wehrmann
Hitzdrahtmessungen in einer aufgespaltenen Kármánschen Wirbelstraße
1957, 42 Seiten, 14 Abb., 4 Tabellen, DM 10,90

HEFT 471
Prof. Dr. phil. habil. A. Naumann, Dr.-Ing. A. Heyser und Dr. phil. Dipl.-Ing. W. Trommsdorff, Aachen
Der Überdruck-Windkanal in Aachen
1957, 44 Seiten, 20 Abb., DM 11,—

HEFT 472
Dipl.-Ing. A. Freitag, Essen-Steele
Verhalten von Katalytstrahlern bei Betrieb mit Luftvormischung zum Gas und der Verbrennung von Luft gegen eine Gasatmosphäre
1958, 44 Seiten, 18 Abb., 1 Tabelle, DM 11,10

HEFT 473
Prof. Dr. phil. F. Wever, Dr.-Ing. W. Lueg und Dipl.-Ing. P. Funke jr. Düsseldorf
Versuche an einer hydraulischen 25 t-Stangenziehbank
1957, 34 Seiten, 11 Abb., DM 8,95

HEFT 474
Dr.-Ing. R. Ibing und Dipl.-Ing. G. Meier, Hannover
Eichung und Entwicklung von Staubentnahmesonden
1958, 32 Seiten, 9 Abb., 2 Tabellen, DM 8,65

HEFT 475
Prof. Dipl.-Ing. W. Sturtzel, Obering. Helm und Dipl.-Ing. Heuser, Duisburg
Systematische Ruderversuche mit einem Schleppkahn und einem Binnenselbstfahrer vom Typ „Gustav Koenigs"
1958, 84 Seiten, 38 Abb., 4 Tabellen, DM 20,10

HEFT 476
Prof. Dipl.-Ing. W. Sturtzel und Dipl.-Ing. Schmidt-Stiebitz, Duisburg
Einfluß der Hinterschiffsform auf das Manövrieren von Schiffen auf flachem Wasser
in Vorbereitung

HEFT 477
Dr. K. Utermann, Dortmund
Freizeitprobleme bei der männlichen Jugend einer Zechengemeinde
1957, 56 Seiten, DM 12,75

HEFT 478
Prof. Dr.-Ing. habil. W. Petersen und Dr.-Ing. S. Wawroschek, Aachen
Brikettierungsversuche zur Erzeugung von Möllerbriketts unter Verwendung von Braunkohle
1957, 102 Seiten, 42 Abb., 6 Tabellen, DM 24,25

HEFT 479
Prof. Dr.-Ing. W. Wegener, Aachen, und Dipl.-Ing. H. Fourné, Bochum
Ursachen des Überschreitens der Toleranzgrenze nach oben oder unten (Meter pro Gramm) an der Strecke
1958, 60 Seiten, 17 Abb., 3 Tabellen, DM 14,60

HEFT 480
Dr. phil. K. Brücker-Steinkuhl, Düsseldorf
Anwendung mathematisch-statistischer Verfahren bei der Fabrikationsüberwachung
in Vorbereitung

HEFT 481
Oberbaurat Dr.-Ing. W. Meyer zur Capellen, Aachen
Fünf- und sechspunktige Geradführung in Sonderlagen des ebenen Gelenkvierecks
in Vorbereitung

HEFT 482
Dipl.-Ing. R. Pels-Leusden und Dr. K. Bergmann, Essen
Die Frostbeständigkeit von Ziegeln; Einflüsse der Materialzusammensetzung und des Brandes
1958, 84 Seiten, 31 Abb., 4 Tab., DM 20,45

HEFT 483
Prof. Dr.-Ing. habil. F. A. F. Schmidt, Aachen
Gemischbildungs-, Selbstzündungs- und Verbrennungsvorgänge als Grundlage für Entwicklungsarbeiten an Gasturbinenbrennkammern
in Vorbereitung

HEFT 484
Prof. Dr. habil. H. E. Schwiete und Dr. G. Schwiete, Aachen
Beitrag zur Struktur des Montmorillonit
in Vorbereitung

HEFT 485
Prof. Dr. phil. E. Jenckel, Aachen, Dr. H. Wilsing, Dormagen, Dr. H. Dörffurt, Wesseling/Bez. Köln und Dipl.-Phys. H. Rinkens, Eschweiler
Kristallisation der Hochpolymeren
in Vorbereitung

HEFT 486
Doz. Dr. med. E. Lerche und Dr. med. J. Schulze, Aachen
Hörermüdung und Adaptation im Tierexperiment
1958, 44 Seiten, 12 Abb., DM 10,55

HEFT 487
Prof. Dipl.-Ing. W. Blume, Duisburg
Festigkeitseigenschaften kombinierter Leichtbaustoffe im Hinblick auf die Verkehrstechnik, insbesondere des Flugzeugbaus
1958, 102 Seiten, 31 Abb., 2 Tabellen, DM 25,50

HEFT 488
Prof. Dr. habil. H. E. Schwiete und Dipl.-Chem. H. Westmark
Beitrag zur Kennzeichnung der Texturen von Schamottesteinen
1958, 62 Seiten, 34 Abb., 7 Tab., DM 16,80

HEFT 489
Dipl.-Math. K. H. Müller
Strenge Lösungen der Navier-Stokes-Gleichung für rotationssymmetrische Strömungen
1957, 64 Seiten, 23 Abb., DM 14,85

HEFT 490
Hauptstelle für Staub- und Silikosebekämpfung des Steinkohlenbergbauvereins, Essen-Rüttenscheid
Zur Staub- und Silikosebekämpfung im Steinkohlenbergbau
in Vorbereitung

HEFT 491
Prof. Dr. Fr. Lotze und K. Kötter, Münster
Chloridgehalte des oberen Emsgebietes und ihre Beziehungen zur Hydrogeologie
in Vorbereitung

HEFT 492
Prof.-Dr. phil. J. Meixner und B. Manz, Aachen
Zur Theorie der irreversiblen Prozesse in α-Eisen
1958, 22 Seiten, 1 Abb., DM 5,70

HEFT 493
Prof. Dr. phil. habil. A. Naumann und Dipl.-Ing. H. Pfeiffer, Aachen
Versuche an Wirbelstraßen hinter Zylindern bei hohen Geschwindigkeiten
1958, 46 Seiten, 19 Abb., DM 11,65

HEFT 494
Dipl.-Ing. W. Rohs und Text.-Ing. Griese, Bielefeld
Entwicklung und Erprobung eines verbesserten elektrischen Kettfadenwächtergeschirrs für die Leinen- und Halbleinenweberei
1957, 56 Seiten, 9 Abb., 11 Tabellen, DM 13,—

HEFT 495
Prof. Dr. phil. E. Asmus und Dr. rer. nat. H.-F. Kurandt, Berlin
Einige analytische Anwendungen der Zincke-Königschen Reaktion
1958, 46 Seiten, 14 Abb., 7 Tabellen, DM 11,45

HEFT 496
Dipl.-Chem. P. Vogel, Krefeld
Färberische Eigenschaften von zur Herstellung von Verdickungen in der Stoffdruckerei bestimmten Stoffen
1957, 38 Seiten, 3 Abb., 3 Tabellen, DM 9,30

HEFT 497
Oberarzt Dr. med. G. Mußgnug, Bottrop
Die Knochenveränderungen und der Knochenstoffwechsel beim Sudeck-Syndrom
1958, 58 Seiten, 18 Abb., DM 13,85

HEFT 498
Prof. Dr.-Ing. H. Zahn und Dr. rer. nat. W. Gerstner, Aachen
Herstellung säurefester technischer Gewebe
1957, 40 Seiten, 8 Tabellen, DM 9,65

HEFT 499
Priv.-Doz. Dr. J. Juilfs, Krefeld
Die Bestimmung des Wasserrückhaltevermögens (bzw. des Quellwertes) von Fasern
1958, 42 Seiten, 8 Abb., 8 Tabellen, DM 10,35

WESTDEUTSCHER VERLAG · KÖLN UND OPLADEN

HEFT 500
Priv.-Doz. Dr. J. Juilfs, Krefeld
Vergleichende Untersuchungen am Schopper-Scheuerprüfgerät
1958, 74 Seiten, 34 Abb., verschied. Tab., DM 18,10

HEFT 501
Dipl.-Ing. W. Rohs und Dr. J. Geurten, Bielefeld
Untersuchungen in der Leinengarnbleiche
1958, 50 Seiten, 5 Abb., 5 Tabellen, DM 11,50

HEFT 502
Prof. Dr. M. Diem und Dr. R. Trappenberg, Karlsruhe
Berechnung der Ausbreitung von Staub und Gas
1957, 200 Seiten, mit zahlreichen Diagr., DM 37,30

HEFT 503
Dr. rer. nat. J. Faßbender, Bonn
Untersuchungen über die Eigenschaften von Cadmiumsulfid-Sandwich-Zellen
1957, 36 Seiten, 8 Abb., DM 8,80

HEFT 504
Prof. Dr. phil. F. Wever, Dr. phil. W. Wink und Dr. rer. nat. W. Jellinghaus, Düsseldorf
Versuchsanordnung zur Messung der Suszeptibilität paramagnetischer Stoffe und Meßergebnisse an Nickel-Chrom- und Kobalt-Nickel-Chrom-Werkstoffen
1958, 38 Seiten, 10 Abb., 2 Tabellen, DM 9,95

HEFT 505
Prof. Dr.-Ing. F. A. F. Schmidt und Dipl.-Ing. H. Heitland, Aachen
Einfluß des Selbstzündungsverhaltens der Kraftstoffe auf den Verbrennungsablauf, Wirkungsgrad und Druckverlust von Hochleistungsbrennkammern
in Vorbereitung

HEFT 506
Prof. Dr.-Ing. W. Meyer zur Capellen, Aachen
Der Flächeninhalt von Koppelkurven. — Ein Beitrag zu ihrem Formenwandel
in Vorbereitung

HEFT 507
Prof. Dr. H. Kaiser, Dr. G. Bergmann und Dr. G. Gresze, Dortmund
Kartei zur Dokumentation in der Molekülspektroskopie
in Vorbereitung

HEFT 508
Dr. H. Schmidt-Ries, Krefeld
Limnologische Untersuchungen des Rheinstromes I (Hydrobiologische und physiographische Untersuchungen)
1958, 76 Seiten, DM 33,90

HEFT 509
Dr. Schmidt-Ries, Krefeld
Limnologische Untersuchungen des Rheinstromes I (Tabellenwerk)
in Vorbereitung

HEFT 510
Prof. Dr. rer. nat. W. Groth und Dr.-Ing. K. Bayerle, Bonn
Anreicherung der Uranisotope nach dem Gaszentrifugenverfahren
1958, 88 Seiten, 43 Abb., DM 21,20

HEFT 511
H. Wahl, G. Kantenwein und W. Schäfer, Essen
Gesteinsbohr-Modellversuche zur Frage des Drehbohrens, Schlagbohrens und Drehschlagbohrens
in Vorbereitung

HEFT 512
Prof. Dr. H. Strassl, Bonn
Azimut-Monogramme für alle Stundenwinkel und Deklinationen im Bereich der geographischen Breiten von —80° bis +80°
in Vorbereitung

HEFT 513
Prof. Dr. W. Schmitz und Dr. rer. F. Schmitt, Mülheim/Ruhr
Die Verwendung des Magnetbandgerätes zur Speicherung des Kurvenverlaufs elektrischer Ströme
1958, 68 Seiten, 35 Abb., DM 17,65

HEFT 514
Dr. rer. nat. M.-E. Meffert, Essen
Die Kultur von Scenedesmus obliquus in Abwasser
1957, 46 Seiten, 7 Abb., 7 Tabellen, DM 10,85

HEFT 515
Prof. Dr. habil. H. E. Schwiete und Dr.-Ing. Chr. Hummel, Aachen
Thermochemische Untersuchungen im System SiO_2 und Na_2O—SiO_2
1958, 122 Seiten, 29 Abb., 28 Tabellen, DM 28,00

HEFT 516
Prof. Dr.-Ing. H. Müller, Dipl.-Ing. F. Reinke und Dipl.-Ing. W. Sorgenicht, Essen
Gesamtstrahlungsmessungen der Temperaturstrahlung
in Vorbereitung

HEFT 517
Prof. Dr. med. G. Lehmann und Dr. med. J. Meyer-Delius, Dortmund
Gefäßreaktionen der Körperperipherie bei Schalleinwirkung
1958, 36 Seiten, 12 Abb., DM 9,15

HEFT 518
Dr.-Ing. H. Scheffler, Dortmund
Funktionelle Zusammenhänge der dynamischen Einflußgrößen beim handgeführten Druckluft-Abbauhammer und ihre Berücksichtigung für die Konstruktion rückstoßarmer Hämmer
in Vorbereitung

HEFT 519
Prof. Dr. phil. F. Wever, Dr. phil. W. Koch und Dr. phil. S. Eckhard, Düsseldorf
Die spektrographische Bestimmung der Spurenelemente in Stahl ohne vorherige Abbrennung
1958, 50 Seiten, 22 Abb., DM 12,60

HEFT 520
Prof. Dr.-Ing. H. Opitz, Dipl.-Ing. H. Obrig und Dipl.-Ing. P. Kips, Aachen
Untersuchung neuartiger elektrischer Bearbeitungsverfahren
1958, 58 Seiten, 35 Abb., DM 14,70

HEFT 521
Prof. Dr.-Ing. H. Opitz und Dipl.-Ing. K. E. Schwartz, Aachen
Das Abrichten von Schleifscheiben mit Diamanten
1958, 72 Seiten, 34 Abb., 3 Tabellen, DM 17,15

HEFT 522
J. Lorentz und K. Brocks
Elektrische Meßverfahren in der Geodäsie
1958, 118 Seiten, 49 Abb., 5 Tab., DM 28,—

HEFT 523
K. Eberts
Entwicklungen einiger Meßverfahren und einer Frequenz- und amplitudenstabilisierten Meßeinrichtung zur gleichzeitigen Bestimmung der komplexen Dielektrizitäts- und Permeabilitätskonstante von festen und flüssigen Materialien im rechteckigen Hohlleiter und im freien Raum bei Frequenzen von 9200 und 33000 MHz
1958, 132 Seiten, 37 Abb., DM 30,20

HEFT 524
Dr. rer. nat. S. Lockau, Emlichheim
Versuche zur Gewinnung von Kartoffeleiweiß
1958, 56 Seiten, 2 Abb., DM 12,70

HEFT 525
Prof. Dr. Dr. h.c. H. P. Kaufmann und Dr. F. Wegborst, Münster
Beiträge zur Chemie und Technologie der Fetthärtung I
in Vorbereitung

HEFT 526
Dr. phil. habil. P. Hölemann und Ing. R. Hasselmann, Dortmund
Einfluß der Oberflächenbeschaffenheit der Wandung auf den Ablauf von Azetylenexplosionen
1958, 62 Seiten, 8 Abb., 10 Tabellen, DM 14,50

HEFT 527
Dr. rer. nat. K. G. Müller, Hanau/W.
Wärmeübertragung auf eine Flugstaubströmung im senkrechten Rohr sowie auf eine durchströmte Schüttgutschicht
in Vorbereitung

HEFT 528
Dr. P. Ney und Dr. F. Schwarz, Köln
Physikochemische Grundlagen der Bildsamkeit von Kalken unter Einbeziehung des Begriffs der aktiven Oberfläche
Kristallchemische Betrachtung der Bildsamkeit
1958, 110 Seiten, 34 Abb., 6 Tabellen, DM 26,75

HEFT 529
Dr. phil. G. Riedel, Dortmund
Messung und Regelung des Klimazustandes durch eine die Erträglichkeit für den Menschen anzeigende Klimasonde
1958, 78 Seiten, 35 Abb., DM 17,95

HEFT 530
Prof. Dr. med. O. Graf, Dortmund
Nervöse Belastung im Betrieb — I. Teil: Nachtarbeit und nervöse Belastung
in Vorbereitung

HEFT 531
Prof. Dr.-Ing. habil. K. Krekeler, Dipl.-Ing. H. Verhoeven und Dipl.-Ing. H. Ernenputsch, Aachen
Autogenes Entspannen bei niedrigen Temperaturen
in Vorbereitung

HEFT 532
Prof. Dr.-Ing. habil. K. Krekeler, Dipl.-Ing. H. Verhoeven und Dipl.-Ing. W. Krieweth, Aachen
Schutzgasschweißen mit kontinuierlich abschmelzender Elektrode von niedriglegierten Kohlenstoffstählen (Sigma-Schweißen)
in Vorbereitung

HEFT 533
Prof. Dr.-Ing. H. Opitz und Dipl.-Ing. W. Hölken, Aachen
Untersuchung von Ratterschwingungen an Drehbänken
1958, 84 Seiten, 44 Abb., 2 Tab., DM 19,70

HEFT 534
Oberbergamtsdirektor H. Sanders, Dortmund
Seismische Forschungsarbeiten im Ostteil des Grubenfeldes König Ludwig
in Vorbereitung

HEFT 535
Dr.-Ing. J. Lennertz, Köln
Einfluß des Ausbaugrades und Benutzungsgrades nachrichtentechnischer Einrichtungen auf die Gesamtwirtschaft
in Vorbereitung

HEFT 536
Dr. rer. nat. C. W. Czernin-Chudenitz, Krefeld
Limnologische Untersuchungen des Rheinstromes. — Quantitative Phytoplanktonuntersuchungen
in Vorbereitung

HEFT 537
Dr.-Ing. N. Gössl, Frankfurt/M.
Probleme der Zugförderung im Zusammenhang mit der Ausnutzung der Atom-Energie
in Vorbereitung

HEFT 538
Prof. Dr. K. Hinsberg, Düsseldorf
Reaktion zur Frühdiagnose von Krebserkrankungen
1958, 28 Seiten, 1 Abb., 3 Tabellen, DM 7,00

HEFT 539
Prof. Dr. L. v. Ubisch, Norwegen
Die philogenetischen Symmetrieveränderungen bei den Seeigeln
in Vorbereitung

HEFT 540
Prof. Dr. rer. nat. H. Krebs, Bonn
Die katalytische Aktivierung des Schwefels
in Vorbereitung

HEFT 541
Prof. Dr. O. Schmitz-DuMont, Bonn
Reaktionen in flüssigem Ammoniak zur Gewinnung von 1. Titanylamid, 2. Oxykobalt (III)-amiden, 3. Ammonobasischen Kobalt (III)-benzylaten
in Vorbereitung

HEFT 542
Dr. phil. nat. G. Zapf, Schwelm
Entwicklung eines Verfahrens zur Herstellung von Formteilen aus Sintermessing
in Vorbereitung

HEFT 543
Prof. Dr. phil. habil. H. E. Schwiete, Dr. phil. H. Müller-Hesse und Dipl.-Ing. G. Gelsdorf, Aachen
Einlagerungsversuche an synthetischem Mullit. Teil II
1958, 42 Seiten, 5 Abb., 10 Tab., DM 10,—

HEFT 544
Prof. Dr. phil. habil. H. E. Schwiete, Dr.-Ing. A. K. Bose und H. Müller-Hesse, Aachen
Die Schmelzphase in Schamottesteinen. — Teil II
in Vorbereitung

HEFT 545
Prof. Dr. phil. habil. H. E. Schwiete, Dr. rer. nat. G. Ziegler und Dipl.-Ing. Ch. Kliesch, Aachen
Thermochemische Untersuchungen über die Dehydration des Montmorillonits
in Vorbereitung

HEFT 546
Prof. Dr.-Ing. K. Leist und K. Graf, Aachen
Vergleich von Gleichdruck- und Verpuffungsgasturbinen
in Vorbereitung

HEFT 547
Prof. Dr.-Ing. K. Leist, K. Graf und D. Stojek, Aachen
Das betriebliche Verhalten von Gasturbinen-Fahrzeugen
in Vorbereitung

WESTDEUTSCHER VERLAG · KÖLN UND OPLADEN

HEFT 548
Prof. Dr.-Ing. K. Leist und J. Weber, Aachen
Spannungsoptische Untersuchungen von Turbinenscheiben mit angefrästen und eingesetzten Schaufeln
in Vorbereitung

HEFT 549
Dr.-Ing. R. Merten, Duisburg
Resonanzanpassung bei einem Tiefpaß
1958, 36 Seiten, 16 Abb., DM 9,—

HEFT 550
Dr. H. Stephan, Bonn
Elektrisches Standhöhenmeßgerät für Flüssigkeiten
1958, 40 Seiten, 13 Abb., 2 Tab., DM 10,10

HEFT 551
Prof. Dr. phil. W. Weizel und Dipl.-Phys. B. Brandt, Bonn
Betriebsbedingungen einer stromstarken Glimmentladung
1958, 68 Seiten, 18 Abb., DM 16,00

HEFT 552
Dr.-Ing. G. Leiber und Dipl.-Ing. D. Schauwinhold, Duisburg-Hamborn
Versuche zur Erzeugung halbberuhigten Stahles
1958, 42 Seiten, 23 Abb., 6 Tabellen, DM 11,30

HEFT 553
Prof. Dr. rer. pol. G. Garbotz und Dipl.-Ing. J. Theiner, Aachen
Untersuchungen der Walzverdichtungsvorgänge auf Lößlehm, Kies und Schotter
in Vorbereitung

HEFT 554
Prof. Dr.-Ing. H. Müller, Essen
Untersuchung von Elektrowärmegeräten für Laienbedienung hinsichtlich Sicherheit und Gebrauchsfähigkeit. — Teil II: Temperaturen an und in schmiegsamen Elektrogeräten
in Vorbereitung

HEFT 555
Prof. Dr. med. H. Elbel und Dipl.-Phys. K. Sellier, Bonn
Der Nachweis kleinster CO-Mengen in Körperflüssigkeiten
1958, 36 Seiten, 12 Abb., DM 9,10

HEFT 556
Prof. Dr. A. Gütgemann und Dr. med. G. Karcher, Bonn
Klinische und experimentelle Untersuchungen mit Hilfe einer künstlichen Niere
1958, 28 Seiten, 4 Abb., DM 7,10

HEFT 557
Dr.-Ing. H. Schiffers, Dipl.-Ing. D. Ammann, Dipl.-Ing. E. Brugger und R. Dicke, Aachen
Härtbarkeit von Gußeisen mit Lamellen- und Kugelgraphit in Abhängigkeit von Zusammensetzung und Gefüge
1958, 44 Seiten, 24 Abb., 1 Tab., DM 11,—

HEFT 558
Dr. phil. C. A. Roos, Aachen
Menschlich bedingte Fehlleistungen im Betrieb und Möglichkeiten ihrer Verringerung
in Vorbereitung

HEFT 559
Prof. Dr. H. E. Schwiete und Dipl.-Chem. R. Gauglitz, Aachen
Die Verflüssigung von Montmorillonitschlämmen
in Vorbereitung

HEFT 560
Prof. Dr. med. J. Vonkennel und Dr. G. Froitzheim, Köln
Zur Prüfung silikonhaltiger Hautschutzsalben
in Vorbereitung

HEFT 561
Prof. Dipl.-Ing. W. Sturtzel und Dr.-Ing. Schmidt-Stiebitz, Duisburg
Verbesserung des Wirkungsgrades von Düsenpropellern durch zusätzlich angeordnete Mischdüsen
in Vorbereitung

HEFT 562
Prof. Dr.-Ing. H. Schenck, Prof. Dr. phil. habil. N. G. Schmahl und Dr.-Ing. G. Funke, Aachen
Die Reduzierbarkeit von Eisenerzen
in Vorbereitung

HEFT 563
Dr. D. v. Oppen, Dortmund
Beiträge zur Soziologie der Gemeinde im Ruhrgebiet. — II. Familien in ihrer Umwelt
in Vorbereitung

HEFT 565
Dr. K. Hahn und Dr. R. Mackensen, Dortmund
Beiträge zur Soziologie der Gemeinde im Ruhrgebiet. — IV. Die kommunale Neuordnung des Ruhrgebietes, dargestellt am Beispiel Dortmunds
in Vorbereitung

HEFT 566
Dr. H. Klages, Dortmund
Der Nachbarschaftsgedanke und die nachbarliche Wirklichkeit in der Großstadt
in Vorbereitung

HEFT 567
Dr. rer. nat. K. Sauerwein, Düsseldorf
Anwendungen radioaktiver Isotope in der Technik
in Vorbereitung

HEFT 568
Prof. Dr. Alde, Dipl.-Chem. M. Dollhausen und Dipl.-Chem. M. Tremery, Köln
Über einige neue Reaktionen des Indens
in Vorbereitung

HEFT 569
Dr. phil. habil. P. Hölemann, Ing. R. Hasselmann und J. Strootmann, Düsseldorf
Acetylenverluste an Naßentwicklern
in Vorbereitung

HEFT 570
Prof. Dr.-Ing. habil. K. Krekeler, Dr.-Ing. H. Peukert und Dipl.-Ing. O. Schwarz, Aachen
Kerbempfindlichkeit thermoplastischer Kunststoffe abhängig von der Kerbform und der Beanspruchungstemperatur
in Vorbereitung

HEFT 571
Privatdozent Dr. med. W. Klosterkötter, Münster
Wirkung der Kieselsäure bei der Entstehung der Silikose
1958, 166 Seiten, 98 Abb., DM 41,95

HEFT 572
Dipl.-Kaufmann Dipl.-Volksw. Jean-Baptiste Felten, Köln
Wert und Bewertung ganzer Unternehmungen unter besonderer Berücksichtigung der Energiewirtschaft
in Vorbereitung

HEFT 573
Prof. Dr. phil. F. Wever, Dr. rer. nat. W. Jellinghaus und Dr.-Ing. Toshimori Shuin, Düsseldorf
Gemischt-keramische Sinterwerkstoffe aus Aluminiumoxyd und Eisen oder Eisenlegierungen
in Vorbereitung

HEFT 574
Dr.-Ing. habil. H. Klingelhöffer, München
Trocknungsvorgänge beim Beschichten von Papier und Pappen mit Kunststoffdispersionen
in Vorbereitung

HEFT 575
Prof. Dr. phil. habil. C. Kröger, Aachen
Verkokungsverhalten der Steinkohlenmacerale und ihrer Mischungen
in Vorbereitung

HEFT 576
Prof. Dr. F. Micheel und Dr. H. G. Bussmann, Münster
Untersuchung synthetischer Kohlenhydrat-Eiweißverbindungen mit der Ultracentrifuge bei der Elektrophorese
in Vorbereitung

HEFT 577
S. Ruff u. a.
Untersuchungen zur therapeutischen Anwendung des Sauerstoffmangels
1958, 128 Seiten, 30 Abb., DM 29,10

HEFT 578
G. Fellner
Der Einfluß der Fluggeschwindigkeit auf die Wirtschaftlichkeit von Durch- und Ausstromtriebwerk
in Vorbereitung

HEFT 579
Dipl.-Ing. H. J. Koch, Essen
Untersuchungen über den Abhebedruck von Brenngasen
in Vorbereitung

HEFT 580
Prof. Dr.-Ing. A. Götte und Dipl.-Chem. G. Scholz, Aachen
Unterstützung der Entwässerung von Feinkohle durch chemische Hilfsmittel
in Vorbereitung

HEFT 581
Obermedizinalrat a. D. Dr. med. F. Bassermann, Regensburg
Elektronenoptische Untersuchungen an Ultradünnschnitten des Tuberkulose-Erregers sowie der käsigen Gewebsnekrose und zum Problem des Vorkommens einer mycobakteriellen L-Phase
in Vorbereitung

HEFT 582
Dr. phil. C. A. Roos, Aachen
Arbeitsleistung und Arbeitsgüte
in Vorbereitung

HEFT 583
Prof. Dr. phil. F. Kirchner, Dipl.-Phys. H. Baron und Dipl.-Phys. H. Kirchner, Köln
Verwendbarkeit von Zählrohren zu massenspektrometrischen Untersuchungen
in Vorbereitung

HEFT 584
G. Kroebel, Köln
Maßnahmen der Nachwuchs- und Talentförderung im Deutschen Gewerkschaftsbund
1958, 72 Seiten, DM 16,35

HEFT 585
Dr. phil. M. Simoneit, Köln
Gedanken und Vorschläge zur Auslese technischer Talente
in Vorbereitung

HEFT 586
Dr.-Ing. W. A. Fischer und Dr. rer. nat. A. Hoffmann, Düsseldorf
Verhalten von Eisen- und Stahlschmelzen im Hochvakuum
in Vorbereitung

HEFT 587
Dipl.-Ing. H. Schmidt, Krefeld
Auswirkung der Strömungsverhältnisse in Trommelwaschmaschinen unter besonderer Berücksichtigung des Durchlaufspülens
in Vorbereitung

HEFT 588
Dr.-Ing. W. Wilhelm, Aachen
Untersuchungen über den Einfluß der Auspuffrohrabmessungen auf den Ladungswechsel einer Einzylinder-Zweitakt-Vergasermaschine mit Kurbelkastenspülung
in Vorbereitung

HEFT 589
Prof. Dr. phil. habil. C. Kröger, Aachen
Wärmebedarf der Silikatglasbildung
in Vorbereitung

HEFT 590
Übergabe des Synchro-Zyklotrons an das Institut für Strahlen- und Kernphysik der Universität Bonn am 8. Mai 1957
in Vorbereitung

HEFT 591
Dr. Schairer, Köln
Aufgabe, Struktur und Entwicklung der Stiftungen
in Vorbereitung

HEFT 592
Verein zur Förderung des Forschungsinstituts für Rationalisierung an der Rhein.-Westf. Technischen Hochschule Aachen
Das Forschungsinstitut für Rationalisierung an der Rhein.-Westf. Technischen Hochschule Aachen
in Vorbereitung

HEFT 593
Dr. phil. C. A. Roos, Aachen
Berufseignung und Berufseinsatz — I. Teil
in Vorbereitung

HEFT 594
Prof. Dr. A. Nikuradse, München
Energieabsorption von Atomkernstrahlen in organischen Stoffen und durch sie hervorgerufene Reaktionsprozesse
in Vorbereitung

HEFT 595
Prof. Dr. A. Nikuradse und Dipl.-Phys. K. Kugler, München
Einfluß der molekularen bzw. atomaren Beschaffenheit der Festwandoberflächenschicht auf die Wechselwirkung zwischen auftreffenden Gasmolekülen und der Wand
in Vorbereitung

HEFT 596
Dipl.-Ing. K.-H. Hardieck, Aachen
Theoretische und experimentelle Untersuchungen der stationären Vorgänge in magnetischen Verstärkern
in Vorbereitung

HEFT 597
Prof. Dr. phil. F. Wever, Dr. phil. W. Wink und Dr. rer. nat. W. Jellinghaus, Düsseldorf
Suszeptibilitätsmessungen an hochwarmfesten Legierungen auf Nickel-Chrom- und Kobalt-Nickel-Chrom-Grundlage
in Vorbereitung

HEFT 598
Prof. Dr.-Ing. F. A. F. Schmidt, Aachen
Hydrodynamische und mechanische Gesetzmäßigkeit eines nach dem Scheibenverteilerprinzip arbeitenden Einspritzsystems für Ottomotore
in Vorbereitung

WESTDEUTSCHER VERLAG · KÖLN UND OPLADEN

HEFT 599
Dr. phil. W. Koch und Dipl.-Phys. Dr. phil. H. Sundermann, Düsseldorf
Elektrochemische Grundlagen der Isolierung von Gefügebestandteilen in metallischen Werkstoffen
in Vorbereitung

HEFT 600
Dr. phil. W. Koch, Dr. phil. S. Eckhard und Dr. rer. nat. F. Stricker, Düsseldorf
Die lichtelektrische Spektralanalyse der Gase im Stahl
in Vorbereitung

HEFT 601
W. Barho und E. Stiller, Köln
Die Lage des Technisch-Wissenschaftlichen Nachwuchses und der Technisch-Wissenschaftlichen Hochschulen in der Bundesrepublik
in Vorbereitung

HEFT 602
H. von Stebut, Köln
Die Hochschulen in der Aufwärtsentwicklung Westdeutschlands
in Vorbereitung

HEFT 603
Prof. Dr.-Ing. L. Engel und Dr.-Ing. J. Foerster, Clausthal-Zellerfeld
Gummielastische Stoffe als Dämpfungselemente an schlagenden Werkzeugen
in Vorbereitung

HEFT 604
Dipl.-Ing. H. Gröttrup, Aachen
Studienanalyse halbautomatischer Dokumentationsselektoren
in Vorbereitung

HEFT 605
Ing. L. Bommes, M.-Gladbach
Bestimmung von Leistung und Wirkungsgrad eines Ventilators
in Vorbereitung

HEFT 606
Oberbaurat Prof. Dr.-Ing. W. Meyer zur Capellen, Aachen
Eine Getriebegruppe mit stationärem Geschwindigkeitsverlauf
in Vorbereitung

HEFT 607
Prof. Dr. rer. pol. H. Jecht, Münster
Die Wettbewerbslage der westdeutschen Juteindustrie
in Vorbereitung

HEFT 608
Prof. Dr. habil. W. Linke und Dipl.-Ing. W. Hufschmidt, Aachen
Wärmeübergang bei pulsierender Strömung
in Vorbereitung

HEFT 609
Technisch-Wissenschaftliches Büro für die Bastfaserindustrie, Bielefeld
Verteilung der Bastfasern im Verzugsfeld einer Nadelstabstrecke
1958, 56 Seiten, 10 Abb., 2 Tab., DM 13,45

HEFT 610
Prof. J. W. Korte, Dr.-Ing. P. A. Mäcke und Dipl.-Ing. R. Lapierre
Gestaltung von Straßenverkehrsanlagen
in Vorbereitung

HEFT 611
Dr. R. Schairer, Köln
Aufgaben der Talentförderung
in Vorbereitung

HEFT 612
Dr. H. Bauer, Köln
Der Betrieb als Bildungsfaktor
in Vorbereitung

HEFT 613
Prof. Dr. phil. habil. E. Graeser, Göttingen
Vergleichende Studien über die Art, die Bedeutung und den Erfolg der Ausbildung von Ingenieuren, Mathematikern und Naturwissenschaftlern in der sogenannten Deutschen Demokratischen Republik und in der Bundesrepublik
in Vorbereitung

HEFT 614
Prof. Dr. W. Weltzien, Krefeld
Die Textilforschungsanstalt Krefeld 1920—1958
Ein Bericht zur Einweihung ihres Neubaus Frankenring 2
1958, 100 Seiten, 16 Abb., 23,50

HEFT 615
Prof. Dr. W. Weizel und Duk Hyun Whang, Bonn
Stromverteilung auf der Kathode einer Glimmentladung in Spalten bei hohen Drucken und abseits stehender Anode
in Vorbereitung

HEFT 616
Prof. Dr. W. Weizel und W. Ohlendorf, Bonn
Die Glimmentladung in spaltartigen Entladungsräumen
in Vorbereitung

HEFT 617
Prof. Dipl.-Ing. W. Sturtzel und Dr.-Ing. W. Graff, Duisburg
Systematische Untersuchungen von Kleinschiffsformen auf flachem Wasser im unter- und überkritischen Geschwindigkeitsbereich
in Vorbereitung

HEFT 618
Prof. Dipl.-Ing. W. Sturtzel, Dr.-Ing. W. Graff, Duisburg
Untersuchungen der in stehendem und strömendem Wasser festgestellten Änderungen des Schiffswiderstandes durch Druckmessungen
in Vorbereitung

HEFT 619
Prof. Dr. med. O. Graf, Dr. med. Dr. phil. J. Rutenfranz, Dortmund
Zur Frage der Belastung von Jugendlichen
in Vorbereitung

HEFT 620
Dr. rer. nat. D. Horstmann, Düsseldorf
Der Einfluß von Aluminium im Eisen- und im Zinkbad auf den Zinkangriff
in Vorbereitung

HEFT 621
Techn.-Wissensch. Büro für die Bastfaser-Industrie, Bielefeld
Untersuchungen zur Verbesserung des Leinenwebstuhles V
in Vorbereitung

HEFT 622
Prof. Dr. W. Franz, Münster
Theorie der Elektronenbeweglichkeit in Halbleitern
in Vorbereitung

HEFT 623
Dr. phil. C. A. Roos, Aachen
Berufseignung und Berufseinsatz, II. Teil
in Vorbereitung

HEFT 624
Prof. Dr. G. Schmölders, Köln
Progression und Regression
in Vorbereitung

HEFT 625
Prof. Dr.-Ing. habil. W. Petersen und Dr.-Ing. S. Wawroscheck, Aachen
Brikettierungsversuche zur Erzeugung von Möllerbriketts für die Schwelverhüttung
in Vorbereitung

HEFT 626
Deutsches Krankenhaus-Institut e.V., Düsseldorf
Arbeitsabläufe auf Krankenstationen
in Vorbereitung

HEFT 627
Prof. Dr. phil. H. Wurmbach, Bonn
Steuerung von Wachstum und Formbildung
in Vorbereitung

HEFT 628
Prof. Dr.-Ing. E. Siebel, Düsseldorf
Die Ermittlung der Fließkurven von Schraubenwerkstoffen
in Vorbereitung

If you have any concerns about our products,
you can contact us on
ProductSafety@springernature.com

In case Publisher is established outside the EU,
the EU authorized representative is:
Springer Nature Customer Service Center GmbH
Europaplatz 3, 69115 Heidelberg, Germany

Printed by Libri Plureos GmbH
in Hamburg, Germany